时钟幻境

人与时间的故事

The Clock Mirage

[美] 约瑟夫·马祖尔（Joseph Mazur）著

沈艺超 译

Our

Myth

Of

Measured

Time

北京联合出版公司 Beijing United Publishing Co.,Ltd. · 后浪

图书在版编目（CIP）数据

时钟幻境：人与时间的故事 /（美）约瑟夫·马祖尔著；沈艺超译. -- 北京：北京联合出版公司，2022.6

ISBN 978-7-5596-5873-9

Ⅰ. ①时… Ⅱ. ①约… ②沈… Ⅲ. ①时间—普及读物 Ⅳ. ①P19-49

中国版本图书馆CIP数据核字（2022）第017811号

时钟幻境：人与时间的故事

[美] 约瑟夫·马祖尔（Joseph Mazur） 著
沈艺超 译

出 品 人：赵红仕
出版监制：刘 凯 赵鑫玮
选题策划：联合低音
特约编辑：范 榕
责任编辑：王 巍
装帧设计：黄 婷

关注联合低音

北京联合出版公司出版
（北京市西城区德外大街83号楼9层 100088）
北京联合天畅文化传播公司发行
北京美图印务有限公司印刷 新华书店经销
字数197千字 880毫米×1230毫米 1/32 10.75印张
2022年6月第1版 2022年6月第1次印刷
ISBN 978-7-5596-5873-9
定价：55.00元

本书献给我五位不一般的孙辈：

索菲、叶连娜、莱娜、内德和雅典娜

每一天，他们都在教我时间是什么

在时间诞生之前，在空间之外的地方，万事未曾发生。你可能会认为，没有任何事发生，是因为没有时间的存在，毕竟，发生一件事需要花一定时间——或许你是对的。但也有可能是这样：时间之所以不存在，是因为没有任何变化发生，人们无法标记任一时刻与之前或之后的时刻有何不同，而这，正是时间的用途。因此，不存在时间可能只是由于没有其存在的理由。谁都喜欢被需要。

——塔斯尼姆·泽拉·侯赛因（Tasneem Zehra Husain），

巴基斯坦理论物理学家

目录

序

Preface

眼下，我们正处于一个时间越来越宝贵的年代，我常常感慨为什么人生的分针走得如此之快，时间于不经意间便已流逝，仿佛被偷走一样。因此，我写下了这本关于时间的书，从多个维度来审视时间：时间的历史，时间对个人的影响，时间被感知的方法，时间与回忆和命运的联系，时间的快与慢……希冀能以此书对“时间”一探究竟。

或许，你更希望看到一本由物理学家、哲学家、年代学家或钟表师写就的关于时间的书。然而，我既不是年代学家或钟表师，也非哲学家或实验物理学家——我只是一个数学家和科普作者。不过，我身边有许多真正的科学家和学者，他们在自己的职业生涯中，用大量的实验探究知识的奥秘——尤其在时间问题上。时间，说到底既是一个数学问题，也是一个观念问题，还需要相当的想象力。

时间，或许是英语中最常使用到的名词，但也是最任性固执、难以被准确定义的词语。就连词典也从来没能真正“抓住”它。各类词典都尝试对“时间”一词下一个清晰而广泛适用的定义，迄今为止，相对好一些的描述有“某事发生时的某一时刻或阶段”，或是“被度量为秒、分钟、小时、天、年等的东西”，或是“时钟所测量的东西”。我那本 2662 页的《韦氏词典》为了将时间的定义说清楚，用了整整 1756 个词！呵，多努力啊！

在我看来，时间是一项人类的发明，用以衡量我们存在的轨迹。刚出生时，我们对时间并无真切的感知。我们有时钟，有祷告的召唤，有要赴的约会、要去的地方、要遵守的截止时间、要实现的期望、该吃饭和入睡的时间……然而，正如伊曼努尔·康德（Immanuel Kant）和许多哲学家所言，由于时间始终不是一个活生生的事件或看得见、摸得着的实体，其概念依然难以界定。

早在 2000 多年前，哲学家和自然科学家就已经开启了对时间的理论研究。心理学家对时间的实验研究则始于不到百年前。但事实上，普罗大众才是使用和理解时间的人，是真正对“时间是什么”最有发言权的人。因为时间通常是个人化的，和我们的工作与假期、成功与失败、孤独与友谊、自我反思、疾病与健康、期待与拖延息息相关。对农民来说，时间是春耕秋收间的漫长时日；对赛车手而言，时间是终点前的分秒必争。因此，我通过许多知情者搜集了人们对于时间的认识，包括钟表师、长途卡车司机、在国际空间站生活过的宇航员、以不到 0.01 秒的成绩差异赢得比赛的奥运选手、经常穿越多个时区的飞行员、独自一人被囚禁数月的囚犯、赛马骑手，以及分秒间几百万进出的对冲基金交易员等等。这些访谈聚焦于他们对时间流逝的真实感受，不做无谓的纠缠。访谈的结果多种多样，不乏令人惊讶之处。普罗大众对时间的认识，与受数学“摆布”的物理学家和哲学家截然不同。大众的理解与科学概念的差异之大，仿佛“时间”是一个同音异义词，此时间非彼时间。从根源上看，这两种时间有共同的线索，与一个清晰统一的概念联系在一起，这个概念围绕着一个粗略的想法，即时间是一个人为发明的组织工具，不仅使文明能有序运作，也赋予了探索宇宙的科学一致性。

大众通常认为，时间作为生命的背景，独立于人的出生，是存在于人们想象中一面永不停歇的钟表，记载着宇宙中一些特别的时刻。智能手机屏幕上的人造时钟，告知着人们绝对时间；而在 iPhone 诞生前的 20 世纪，出现了大规模生产的电子表；再往前，则是上发条的机械表。当钟表变得越来越便宜和易得，时间便成了某种通用的社会规则。一个人吃东西，不一定是饿了，而是因为钟表提醒你到饭点了；一个人睡觉，也不见得是累了，而是钟表允许的就寝时间到了。[1] 抽象时间，成了存在的新载体。人的机体功能也被时间控制：当我们感到愉快有趣时，总感觉时间走得飞快，而感到无聊时，顿觉时间漫长。当许多事一股脑儿发生时，记忆对那段持续时间会有一种持续叠缩的印象。但另一方面，想想那些在医院候诊、手边又没有东西可读的时间是多么单调乏味。去和 1989 年以来 2000 多名因罪名不成立而被释放的囚犯中的任意一个人聊天，问问他们有关囚禁期间的回忆，对时间流逝的感受；再和狱警、监狱长聊相同的话题——他们是一群工作日到点下班回家的人。这两类人白天的时光都在监狱中度过，但对时间有着截然不同的看法。

如此千差万别的感受，让“时间”这个词更加捉摸不透。时间可能是全世界所有文献中被论述最多的话题，它的含义数都数不尽；从某种角度上来说，人人都在撰写关于时间的故事。没有任何一本书能够穷尽这个话题，压根说不完。自亚里士多德（Aristotle）的《物理学》（*Physics*）以来，有超过 20 万篇已发表的文章和著作阐述时间的意义，本书也跟随了它们的步伐，却绝不会是最后一本。

《时钟幻境》并非一本关于时间旅行、宇宙年龄、平行宇宙、四维空间或某一物理学上关于时间的特定主题的书，也不是一本教你如何修好一台钟表的书。这是一本从更广泛意义上探究时间究竟为何物的书。然而，时间的概念难以捉摸，它是由文化、教育、环境经验和人对时间流逝的本能感知等具体例子所构成的。如果没有钟表的帮助，我们要从哪里开始抓住时间流逝的线头？无怪乎这个概念如此难以理解。对人们来说，时间难以用其他东西类比，除了心中某种符号化的、表象的、模糊的时钟形象。也许，《爱丽丝镜中奇遇记》中的疯帽子是对的，他把时间拟人化，坚信时间是“他”而不是“它”：“如果你和我一样了解时间，”疯帽子说，“你就不会说浪费‘它’，而是‘他’。”在古希腊诗人赫西俄德（Hesiod）讲述世界诞生的神话宇宙论《神谱》（*Theogony*）中，时间是一位名叫柯罗诺斯（Chronos）的神。我们不也都听说过时间老人（Father Time）吗？那个随身带着镰刀和沙漏的大胡子老头。

在接下来的章节里，你将跟随我这样一个以简单眼光看世界，但内心深知其复杂的人的眼睛和心灵，进行一场充满好奇心的时间探索之旅。书里记录了许多关于时间（无论是“他”、“她”还是“它”）的故事，来寻找“时间究竟是什么”这一问题的答案。是否有一个秘密、一套理论或一些知识，能真正给出一个明确的答案，或至少给予一些敏锐的洞察呢？也许，诚如朱利安·巴恩斯（Julian Barnes）在其小说《终结的感觉》（*The Sense of an Ending*）中所揭示的那样，时间是一种与回忆的联系：“我深知：既有客观时间，又有主观时间；主观时间乃是你戴在手腕内侧、紧靠脉搏的时间。而这一私人时间，即真正的时间，是以你与记忆的关系来衡量的。”[1] 但只是回忆，而没有别的吗？抑或它是过去、现在和未来之间幻想出来的无形驿站，联结起回忆与希冀，给人心以期待、希望、野心，或是对命运的信念？多年以前，我曾就这些问题讨教过英国数学家、科学史学家杰拉尔德·詹姆斯·惠特罗（Gerald James Whitrow），他曾写下数本关于时间的著作，包括《时间是什么》（*What Is Time*）和《时间的本质》（*The Nature of Time*）。他告诉我，就像在传达一句有名的谚语，一个人想知道时间是什么，必须先知道时钟（clock）是什么。他看着我一副不明就里的样子，又强调了一句："我指的是，时钟究竟是什么。"根据他的建议，我尽可能去了解与时钟相关的知识，通过学习，我意识到，时间确实在某种程度上与我们的脉搏有关，但它与细胞和头脑的关系更大，不断更新着我们的回忆，以此告诉我们的身体，我们正处于活着的韵律和节拍中。

欢迎各位来到《时钟幻境》。

[1] 参见《终结的感觉》，（英）朱利安·巴恩斯著，郭国良译，译林出版社，2012 年 8 月。（本书脚注除特别说明外，均为译者所加）

第一部分 时间的度量衡

PART I The Measures

01 流水滴落，光影位移（读取时间）

Trickling Waters, Shifting Shadows (Telling Time)

诸神厌恶那首个发现
区分小时之法之人！
以及在此地安装日晷之人，
将每日可恶地切割成
一小块一小块——

——普劳图斯，《堕落两次的女人》

不管如今人们如何测量时间，曾几何时，人是以一生的生命历程来估量时间的：婴儿生长，学会走路；成为儿童，学会生存，变得强壮；长大成人，逐渐老去，最终死亡。而其他周期——月亮、太阳和地球的运动，仅仅是人类存在的日常活动平行尺度罢了。一年，也就是一个完整的四季轮回，是人类用以标记人生历程最简单的参照。而一年中的每一天，很容易就能够测量：日出日落即为一天。但你不太会留意它，正如难以察觉一个孩子在成长中每一天的变化。但孩子们对时间的认识，正始于这重复的一天一天——这便是“天”带给人们的便利。感谢46亿年前在引力作用下积聚的分子尘埃，形成了地球这样一个绕自转轴旋转、同时绕太阳公转的行星，由此有了一天中的小时数和一年中的天数。但地球的自转与公转，有时配合得并非天衣无缝，每年的天数不是整齐划一的。因此，分割一天并不如看起来那般容易。

最初将每天切分成24小时，并使用“小时”一词来指代一天中一段时间的想法，出现在尼布甲尼撒二世（Nebuchadnezzar Ⅱ，约前605—前562年在位）统治期间，他就是那个捣毁了耶路撒冷圣殿的新巴比伦王国的迦勒底人国王。[1]公元前440年，古希腊历史学家希罗多德（Herodotus）在《历史》（*Histories*）一书中，使用了ορα（小时）一词。从《历史》中我们得知，古希腊人是从古巴比伦人那里学会了使用日晷，并将每天分割成12个部分。[2]

到了21世纪，钟表不仅仅用来指示时间，还振动着提醒我们日常生活中的许多日程：下一次吃药的时间，站起身活动一下的时间，穿越城市出席下午1点会议的出发时间——因为A线列车有延误……即便是在使用日晷的古罗马时期，时间还没有精确到分钟，人们的日子就已经开始被计时工具所支配。本节开篇的引言，来自14世纪出版的《普劳图斯喜

剧集》(*Comedies of Plautus*),它后面的部分这样写道:

> 当我还是个小男孩时,
> 我的肚子便是我的日晷:
> 比任何日晷都更准确、更精密。
> 它告诉我什么时候该吃晚饭——
> 但如今,即便我饿了,
> 也不能吃饭,因为太阳还没落山。
> 镇子上布满讨人厌的日晷,
> 大部分居民,
> 都饥肠辘辘,在大街上缓慢挪动。[3]

普劳图斯是生活在公元前3世纪到公元前2世纪的喜剧作家,是那个时代的莫里哀(Molière)。英文版《普劳图斯喜剧集》的注解告诉我们,这位剧作家生活在第二次布匿战争期间(前218—前201年),这是一场由汉尼拔(Hannibal)领导的迦太基和罗马之间的战争。古罗马的第一个日晷,据传在公元前254年就已安装,也就是这场战争爆发的数十年之前。据一些古代文献记载,当时全罗马只有一个日晷,是从西西里运来的,因此,关于日晷的数量,恐怕普劳图斯因个人的憎恶而夸大了。[4]不过,在20世纪,罗马境内的确出土了13个日晷。[5]在中世纪,英格兰和希腊一定有着数以千计的日晷，因为这是当时最便捷也最准确的计时工具。日晷无处不在：公共建筑上，私家后院里，市民广场上。[6] 我们知道，只有少数日晷保存了下来。论其原因，主要在于大型日晷大多由石灰岩制成，很容易受到风化侵蚀。

数个世纪以来，日晷和水钟（容器中装满水，水以几乎恒定的速度滴下，通过机械原理，用杠杆连接的浮球来标示时间的流逝）将一天从黎明到黄昏模糊地分成几段，几乎不考虑精确度。从技术上来说，利用太阳将时间分为更精确的间隔（比如到小时），难点主要存在于季节变化的复杂性。

自人类诞生以来，树木岩石的影子一定挑动了人类的好奇心，尤其当它们从白天到夜晚持续移动的时候。这种好奇心，让一些人想到去观察插在地面上的棍子的影子，然后用几颗小石子记下影子的位置。这一非凡启示在人类时间线上的发生时间应该远远早于公元前 2000 年。遗憾的是，即便真有此事，它也未能成为普遍的群体性事件，改变当地人的计时方式，而只是一时的好奇。

凭借乍现的灵光，人类对插在地面上的棍子的影子长度和位置做数学计算，加以校准，用数字标注一天中流逝的各个时刻。先选定中午时分，然后，找一根耐用的棍子，也可以是方尖碑，或金字塔。这便是一个古代日晷所需的全部材料了。因此，有观点指出，日晷作为中世纪最常用的计时工具，可以追溯到至少 4000 年前的古巴比伦、古印度、古代中国和古埃及，这并非什么令人惊讶之事。这一点《圣经·以赛亚书》的预言（第 38 章第 8 节）也能证明："就是叫亚哈斯（Ahaz）的日晷，向前进的日影往后退十度。于是前进的日影，果然在日晷上往后退了十度。"[1] 既然亚哈斯在这里被提到了，以赛亚所谈论的时间，应该和亚哈斯作为犹大王国国王时期（前 732—前 716 年）相去不远。也就是说，从古巴比伦到古希腊，日晷已经为人所知若干个世纪，这一点毋庸置疑。

公元前 2150 年，埃及人已经将夜晚分割成数段，但直到 700 年以后，他们才同样将白天做了分割。[7] 公元前 12 世纪的一份古埃及莎草纸文献——开罗日历（the Cairo Calendar），列举了当年的吉日和凶日（"这天出生的人将会死于鳄鱼嘴下"等等），同时记录了当年每一天白天和黑夜的小时数，加起来一共是 24。[8] 这似乎是一桩了不起的巧合：地球赤道的周长非常接近 24 000 英里 [2]，更准确地说，根据美国国家航空航天局（NASA）的估测，是 24 837.6 英里。这完全是一个意外。1 英里恰与地球赤道周长的 1/24 000 很接近，但古埃及人并不知晓这一点，尽管他们确实将白天与黑夜分割成了 24 段；这是一个数字上的巧合，想想看，在古罗马军队用千步一碑作为行军

[1] 参见《圣经》和合本。
[2] 1 英里约折合 1609 米。

进程的参照之前，也不知道它与现代意义上的英里有何相似之处。这就像是宇宙给我们行了个方便。

在古罗马时期，里被称为 mille passus，字面意思就是 1000 步；更标准一些，是一个罗马士兵在行军过程中左脚走 1000 步所经过的总距离，平均为 5000 英尺[1]（脚长以罗马士兵的平均脚长为准），随后经过漫长岁月中的调整，最终被确定为 4860 英尺。距离单位的来源，通常和人体有关，要么是身体某部分的尺寸，要么是人的运动。在古埃及，计量单位 djeser（字面意思是“弯曲的手臂”）大约相当于 4 个手掌或 16 根手指的长度。[9] 时移世易，里和尺的长度，在各个国家、乡镇之间都变得有所区别。现代意义上的英里是罗马帝国陷落后经由英国计量单位弗隆[2]（furlong）开始使用的。从字面意思上看，弗隆是一头公牛在不休息的情况下能犁地的距离，这个单位已标准化为 660 英尺。1593 年，也就是伊丽莎白一世在位的第 35 个年头，英国议会颁布法令，规定“1 英里等于 8 弗隆，1 弗隆等于 40 杆（pole）[3]，1 杆包含 16.5 英尺”。[10] 因此，根据这条法令，英国的“标准英里”就是 8 弗隆，也就是 5280 英尺。如果当时的人对地球周长所知更多，大可以一开始就宣称 1 英里是地球赤道周长的 1/24 000，而这样的 1

[1] 1 英尺折合 0.304 8 米。
[2] 1 弗隆折合 201.168 米。
[3] 1 杆折合 5.029 2 米。

英里依然相对接近 5280 英尺。

鉴于地球每天自转一圈，以英里为单位，将地球赤道周长分割成 1000 段，让我们刚好能将一天分成 24 段来标记时间。当然，这不仅仅是一个巧合。即使地球的周长并不正好是 24 000 英里，我们也可以用某个其他数字去整除来得到 24 段，毕竟这个数字有很多整除数。将一天分成 24 段，是古巴比伦人和古埃及人的杰作，当时的计时工具不外乎是日晷或以恒定速度漏水的水钟。如今，世界上的绝大多数地区将一天的时间分割成 24 段，除了北美、澳大利亚和英国，是分成两个 12 段。

古埃及人把一天分成 10 个部分，加上 2 个比较短的时段留给黎明和破晓。方尖碑移动的影子把每天分成两部分，在中午断开 [这个分割的瞬间是我们所谓上午（a.m.）和下午（p.m.）[1] 的分界线]，这是一个可以比较准确地标记时间的点。而通过夜空中肉眼可见的星星，则能将夜晚的时间等分。将日夜分割成 12 个部分，也许来源于月亮的 12 个循环周期，以及古巴比伦人将夜晚的天空划分成 12 个区域。显然，古巴比伦人意识到了拥有很多个整因数的 12 的便利性。

直到公元前 323 年亚历山大大帝（Alexander the Great）

---

[1] a.m. 是 ante meridiem 的缩写，意为“正午之前”；p.m. 是 post meridiem 的缩写，意为“正午之后”。——编者注

去世前，整个地中海地区的天文学都沿用古巴比伦和古埃及的传统，将每小时分割成 60 个部分，原理是 36 个星座中的每一个星座都会在固定的时间从地平线上升起。和数字 60 一样，数字 36 也有很多个能被它整除的因数，12 就是其中之一。

早期的埃及人用日晷和水钟分割每一天。尽管可能没有“5 分钟”的概念，但随着太阳在地平线上的起落之旅，人们的脑海中也有相应的时间流逝的印象。当时没有所谓的上午或者下午的叫法，每一天就是一场连续的光影变幻。但随着文明日益复杂，对天的分割也越来越复杂。

目前记载了埃及日晷的最早的文献，是关于公元前 15 世纪古埃及法老图特摩斯三世（Thutmose Ⅲ）的战争记录。这位法老因其军事天赋及主导的一系列开疆拓土的战争，被当代历史学家称为“古埃及的拿破仑”。2013 年，巴塞尔大学的埃及学家苏珊·比克尔（Susan Bickel）、埃琳娜·波林 - 格罗斯（Elina Paulin-Grothe）和团队在埋葬图特摩斯三世的埃及帝王谷进行考古发掘，发现了一块石灰岩制作的圆盘。这是现存最古老的日晷碎片。[11]

日晷之后，有了水钟，也称漏壶（clepsydra）。有一件重要的文物值得一提，它来自公元前 145 年的古埃及亚历山大城。[12]广义而言，这是一座装有齿轮和重力调节器的混合动力机械钟。调节器以简陋的方式，与我们如今称为“擒纵装置”的机械组件一起运作，后者是一种靠着固定量水流来交替接受和释放一连串运动的装置。现代擒纵装置也是这样“纪律严明”的测量仪，通过接收和释放的次数计算流量，每次接收的同时传递推力，为整个系统提供能量。

在古罗马，代表钟表的词语horologium是一个复合词，由hora（即英文中的小时hour）和lego（字面意思是“指出”）组成，指代所有时间测量装置，包括日晷、水钟或机械钟。生活于公元前1世纪的古罗马工程师维特鲁威（Vitruvius）在其著作《建筑十书》（*Ten Books on Architecture*）中描述了水钟的机械原理，而书中提到的水钟，应该是公元前3世纪由来自亚历山大城的发明家克特西比乌斯（Ctesibius of Alexandria）发明的那座。[13]1819年，英国机械工程师小约翰·法里（John Farey Jr.）绘制出了克特西比乌斯发明的水钟（插图见第20页）。随着水流入中间的管道C，管道内的悬浮物D上升，而D连接着一个指示时间的小人。尽管人们早在公元前就开始运用齿轮传动装置，但根据维特鲁威的描述，这座钟通过巧妙的设计，能够利用水的溢出给一系列装置供能，实现根据季节的变化自我调整——这正是此项发明的伟大之处。[14]如此复杂的一座钟诞生于公元第一个千纪之前，着实匪夷所思；但维特鲁威告诉我，这的的确确发生了。

而在中国，水钟由北宋的苏颂所发明。[1]1088年，这位科学和技术奇才建造了一座水运仪象台。这个装置有数层楼

[1] 根据相关研究，水运仪象台的发明、建造者及《新仪象法要》的编撰者尚有韩公廉等人。——编者注

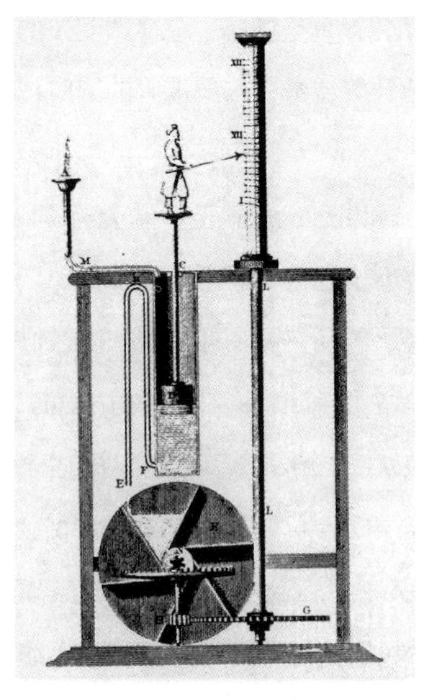

亚伯拉罕·里斯（Abraham Rees），“水钟”，《百科全书：艺术、科学和文学通用词典》第二卷（1819 年），第 359 页，图版 3

高，转动的水车上装有水斗，水斗可以受水与释水，使杠杆倾斜，交替收紧和放松水车上的链轮。苏颂这个受水－倾斜驱动装置，以通过水斗的水流量计算时间，同时将计时结果传输到钟楼内的齿轮装置，以此转动一个浑天仪，并击打钟铃报时。[15] 这台水钟早已不复存在，但其设计原理在成书于北宋绍圣初年（约 1094 年之后）的《新仪象法要》中有详细记载。这本书的书名，从字面意义上来说，就是“机械化运作一座浑天仪的新方法纪要”。苏颂发明的这整座钟楼很可能是一座精巧的天文钟，由受水、释水的水斗操控，其作用方式相当于擒纵装置。同时，钟楼内还有许多相互连接的用于敲鼓和击打钟铃的报时组件。所有组件以木杆相连，木杆操纵五彩缤纷的人偶从门中进进出出，和手臂相连的小槌抬上抬下，发出响动。[16]

那时的中国使用百刻制，即将一天分割成100个部分。水运仪象台的齿轮和链条紧密配合，每一刻，举着刻数牌的人偶走出小门，不同时间刻度还有人偶通过鸣钟、摇铃、打鼓报时。浑天仪的垂直轴和连接到水车的水平轴啮合，水车每次以每天百分之一的增量转动。[17]说苏颂的水钟完全运用了擒纵装置的原理或许有点牵强，但它的确通过水斗和反复倾斜机制来调校时间。

古代中国制造了若干座水钟指示时间：人偶举时间牌，鸣钟，击钲，打鼓，时而出现，时而消失，换上不同的衣服再度出现。这些精巧的机械工程发明，通过丝绸之路传到波斯，再到中欧。而这些地区对于钟表浮华装饰的追求，远远超过了对精准度的追求。

纵观历史，人类尝试过许许多多估测时间的方法。恒星时（sidereal time，sidereal的词源是拉丁语中的“星星”，sidereus）是根据地球相对于一颗恒星的位置来测量的。太阳时是通过太阳相对于地球的视位置来测量的。平太阳时是通过将太阳从某日中午到次日中午所需时间除以24得出的。标准时（standard time）则是一致将地球分成24个时区，各时

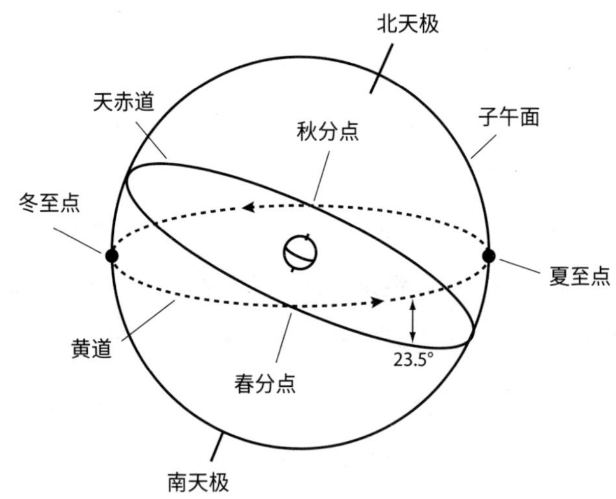

区大体上是南北走向。

恒星时可以直接测量。从地球的角度观察，太阳似乎处在众星中一个特定的位置，缓慢而不规律地向东运动，需要用一年的时间才能回到相对于恒星的位置。这条视轨迹是被称为黄道的想象中的大圆，当月亮穿过黄道面时，会发生日食。想象一个平面——天赤道（celestial equator），即地球赤道平面延伸穿过太阳系，与天球相割的大圆。黄道与天赤道会产生两个交叉点：一个发生在3月20日前后，即春分点（vernal equinox，vernal的词源是拉丁语中的“春天”，vernalis）；另一个发生在9月22日前后，即秋分点（autumnal equinox）。从地球上看，在满天星辰的背景下，天空中的这两个点能够精确定位。

如今，我们能够精准地说出每一天是从何时开始的。现在的你，正处在某个特定的位置阅读本书。站起来，面朝北方，伸开你的手臂，分别指向东方和西方。想象一个平面穿过你的身体和地球的中心——也就是子午面（meridian plane）。从地球上观察，春分点似乎一直在移动，事实上这是因为天空背景在移动。随着地球的自转，春分点每天会穿过子午面一次；而每次春分点穿过子午面，新的一天就开始了。我们随之见到的直观景象，便是日出与日落。但我们也明白，太阳的升起与落下，是在自转着的地球上，从一个特定位置观察天空所获得的相对感官印象。那么，既然一天有了一个开端（也因此有了结束），我们就能够将这段时间间隔平分为 24 段，以获得小时；将每小时平分为 60 段，以获得分钟；再将每分钟平分为 60 段，以获得秒。以此类推，或许我们也可以用所期望的任何方式来分割每一天，以获得更精确的时间。

在公元 1 世纪，古罗马人的“小时”根据季节做调整。一天被分成 4 段：清晨、下午的早些时候、下午和晚上。[18] 冬天，日照时间少于 9 小时（这里指我们认知里的“小时”），白天的时间被分成 12 段，但每段只有 45 分钟（也是我们定义的“分钟”）。到了夏天，则将这套机制反过来——如此一来，即便是白天更短的冬季，和夏天相比，总小时数也是不变的。这的确是个聪明的做法，但效率很低。这样一来，他们使用的水钟每天都要由官方调钟师重新调校——将整个罗马所有水钟调校一遍，就要花上他整整一个月时间。即便到了今天，在纽约，官方调钟师马文·施奈德（Marvin Schneider）还要不断校准整座城市街上的钟塔。

在远离赤道的国度，人们必须考虑季节性变化带来的白天时长的变化。例如，著名的布拉格天文钟（插图见 37 页），起初就是为了提示白天的 8 小时而建造的。那时，当一个村镇的钟声响起，就意味着以下三件事之一：起床劳作、结束工作和去教堂。随着文明步入市场经济和环球旅行时代，时间不得不做到全球同步，只能提醒当地时间的乡村钟表就不够用了。在机器时代之前，生活尽管艰苦，却也简单：人们大多生活在乡村，干着农活或手艺活，要么用手动的工具，要么操作以人或动物为动力的简单机械。

随后，工业时代来临，彻底改变了时间被测量、理解和感知的方式。蒸汽机所带来的大规模生产的可能性，催生了"工厂"这一全新的生产和售卖商品的方式，一个"现代世界的产物，同时也加速创造了现代世界"。[19]"工厂"一词来源于拉丁文 *facere*（字面意思是"制造"），指代任何放置着可以生产日常用品的机械装置的建筑物。工业革命发轫于 18 世纪早期的英国德比郡，并在之后的数十年间由此向外缓慢发展，小型引擎逐渐以串联方式扩大，变成巨型机器，每小时能生产的纺织品长度，从最初的几码[1]扩大到数英里。[20]于是，年

[1] 1 码折合 0.914 4 米。

富力强的劳动力从自给自足的小村庄流入蓬勃发展的纺织工厂，因为后者承诺提供丰厚又稳定的薪水。在19世纪到来前，英格兰北部充斥着煤烟滚滚的工厂，数千名工人每周6天、夜以继日地工作，获得的薪水却抵不过通货膨胀。随着工业技术的发展和消费力的不断提高，为了加速生产，这些机器越转越快，工人的工作时间也越来越长。鉴于日常工作极为辛苦且单调乏味，周日或珍贵假期的到来，成了工人的一丝安慰。这些在欧洲工业地区长时间工作的工人，通常是农民或其后代，他们原本只会干农活，比如割草、挤奶等，这些工作是没有休息日的。但对工人来说，“周末”就成了一个有意义的词语。随着机械化时代的发展，交通基础建设也日新月异，运河、公路和铁路等使人们对时间准确性的要求比以往更高了。只有一个时针的钟表已经不能满足需求，甚至每15分钟敲响报时一次的村镇钟表也不够用了。

钟表的英语单词“clock”从德语单词“Glocke”演变而来，含义是钟。在6世纪以前，欧洲的僧侣已经安装了用重力驱动的机械装置，它会叫醒敲钟人，然后敲钟人跑到钟楼敲钟，提醒人们举行宗教仪式：日出时的晨祷、第九时（日出后的第9个小时）的午祷、傍晚的晚祷和夜晚的睡前祷告。对一个每天只需要关注这几个时间点的简单的文明形态来说，钟表盘上的数字毫无意义。将一天的时间分割成分钟和秒是很久之后才出现的。在当时的商业活动中，守时对于安排好的约定、船舶运输和当地旅行至关重要，这种对时间精确度的要求，是日晷和水钟都难以达到的。因此，人们需要一种能将时刻等分的机械装置，它无须借助断断续续的阳光，或是水、沙、燃烧的油等持续流动的物质。最早的时钟需要持续性维护，以保持连续运转和准确性。要设计一套持续且有规律运转的装置并非易事。伽利略（Galileo）曾用人的脉搏作为一种规律性运动的测量标准，但脉搏也总会变化。乍一想，让一个装置以恒定速度持续运动似乎不是什么难事。但仔细想想，这可能是世界上最复杂的难题之一了。为了测量时间，必须先有什么东西可以计数。

将每天分割成 24 份、12 份或 8 份之后，当时的人们还暂时未能找到将时间划分得更细、精确到分钟的方法，甚至 1/4 个小时也难以做到。不过，在伽利略的时代，准时性还不重要。一场晚餐的邀请通常是这样模糊表述的："请在日落时分前来赴宴。"政府会议何时开始，取决于政要们何时到齐。钟表依靠滴答漏下的水、燃烧的油、流泻的沙或者阳光得以运转。对那个时代的时间测量来说，并无精确度可言。无论如何精细地校正钟表，它总是在测量一些离散的因素——某个间隔、某个重复的信号、事件之间的某个时间间隔、容器中水或沙子累积的重量或体积，或者一根棍子的阴影在太阳光下的角度。这便是问题的核心所在：我们测量时间用的是离散的数字，却将运动和变化看作连续的。在过去的 900 年间，我们所知的几乎所有机械钟，都或多或少运用了计算离散运动的机械原理，有些使用能够计算旋转圈数的齿轮。但仔细想想，让一个齿轮计数有多么困难，而让一根箭头转向标示的数字，又是多么明智。我们仍在使用以指针读取时间的钟表盘，但更常用的是电子显示屏。早期的钟表盘只有一根指针，指向小时。分针大约在 17 世纪晚期出现，随后是第 3 根指针——秒针，用来读取从那时起被称为“秒”的时间单位。[21] 秒针最初出现时，和现在一样多余，却成了 18 世纪壁炉钟的“标配”……既然制作简单，只需要多几个零件即可，那何不增加一项新功能呢？和数字时钟相比，模拟时钟的一大优势，就是让人们对刚刚流逝的过去和即将到来的未来有更真切的感受。在一个圆形的钟面上查看时间，即便不在内心计算，你也能知道在需要到达某个地方前还剩多少时间，距离开始做某事已经过去了多久，等等。只需瞄一眼钟面，我们就能对过去、现在和未来产生真切感知，而这一重要的实用功能在数字显示屏上完全丧失，哪怕后者能读取几乎无用的秒数。

如今，原子钟能将时间精确到 10^{-12} 秒。颇为有趣的是，尽管我们有词语用来描述比 10^{-12} 秒更短的时间，比如飞秒（femtosecond）是 10^{-15} 秒，仄秒（zeptosecond）是 10^{-21} 秒，幺秒（yoctosecond）是 10^{-24} 秒，但事实上，截至目前，我们并没有方法测量这些微观时间。时间就像人的脉搏一样，既连续，又离散：通过心脏肌肉收缩带来的间歇性动力，血液在血管中持续流动，由此形成了脉搏。所有的时钟，也都是通过计算持续流动之物中离散之物的次数来测量时间。这就像人们运用各种各样的测量仪器，来测量各种液体和气体产物的连续流量。当你给汽车加油时，汽油是持续流动的，但每次 1/10 加仑[1]的数字变动是不连续的。这个读数来自一个流量计，即一个装在油表箱里的转子，汽油到达油管之前，会先经过转子统计转数，就像钟表测量时间一样，然后以 1/10 加仑为单位，标记出一共加了多少汽油。

在 21 世纪及 20 世纪，为了股票交易、火车贸易、电力系统、航空导航、医疗技术——对了，还有体育比赛，人类对校准时间的需求到了令人难以置信的地步。手机上的数字时钟，让我们能够随时精准地知晓时间。我们甚至能精确判断一场 400 米栏比赛的冠军。在 1987 年的罗马世界田径锦标赛上，有一台时钟的精确度足以测定埃德温·摩西（Edwin Moses）以领先 0.02 秒的优势获胜。在 1998 年日本长野冬奥会的高山滑雪女子超级大回转（super-G）项目中，美国滑雪运动员皮卡伯·斯特里特（Picabo Street）赢得金牌，只比奥地利选手米夏埃拉·多夫梅斯特（Michaela Dorfmeister）快了 0.01 秒！

[1] 1 美制加仑约折合 3.785 升。

插曲　以 0.01 秒优势险胜的奥运冠军

我和美国高山滑雪运动员皮卡伯·斯特里特聊了聊。在 1998 年冬奥会高山滑雪女子超级大回转项目中，她以 0.01 秒的优势，战胜了奥地利选手米夏埃拉·多夫梅斯特。通常来说，金牌和银牌间的差距仅为 0.01 秒并不常见。在这场比赛中，银牌和铜牌的差距也极小：来自奥地利的亚历桑德拉·麦斯尼策（Alexandra Meissnitzer）以 0.07 秒的劣势错失银牌。试着想象一下 0.01 秒有多长：它比蜂鸟拍动一下翅膀的时间还短。而 0.07 秒比人眨一次眼的时间还要短得多。

在马术障碍赛中，骑手们在极其接近的环境下同场竞技，互相影响速度。但高山滑雪障碍赛截然不同。每一位滑雪运动员都在不同环境中各滑各的。一阵轻微的逆风，就会让时间相差远不止 0.07 秒。0.01 秒的差距，完全可以说是运气成分。公平地说，1998 年冬奥会女子超级大回转项目获得奖牌的这 3 名运动员，应该共享那枚金牌。在过去两个世纪中，并列夺冠的例子在赛马界时有发生：两名甚至更多选手抵达终点的先后难以分辨，因而共享桂冠。

在 2012 年伦敦夏季奥运会的铁人三项赛中，瑞士选手尼古拉·斯皮里希（Nicola Spirig）击败瑞典选手丽莎·诺登（Lisa Nordén），获得金牌。她们同时撞线，比赛成绩完全一样：1 小时 59 分 48 秒。一张照片显示，斯皮里希以仅仅一根头发丝的差距赢得了金牌。斯皮里希和诺登是在同样的环境下进行比赛，你最多可以说她们踩着不同的土。这回，又是运气作祟。

2018 年 2 月 17 日，在戴通纳国际赛车场举办了一场全程 357.5 英里的纳斯卡（NASCAR）赛事，车手泰勒·瑞迪克（Tyler Reddick）以 0.000 4 秒的优势战胜对手艾利奥特·赛德勒（Elliott Sadler）——那可是万分之四秒！[1] 在这样的比赛中，选手的比赛成绩极为接近，部分原因在于他们会互相影响速度。而 1998 年冬奥会的女子超级大回转比赛是单人逐个比赛，每个选手都倾尽全力，没有竞争者在旁边，却依然出现了极小的成绩差距。那么，时间的意义究竟是什么？

02 鸣钟，打鼓（使用时间）

Ringing Bells, Beating Drums (Use of Time)

我想要建造一座一年只滴答一次的时钟。代表“世纪”的指针每一百年走一格，布谷鸟每千年现身一次。在未来的一万年里，布谷鸟会在每个千禧年出现。

——丹尼·希利斯（Danny Hillis），“万年钟”发明者

在20世纪结束前，钟表已经无处不在。走在繁忙的街道上，随便一瞥就能看到很多时钟的身影。纽约的地铁钟都经过统一校准，巴黎和伦敦街道上的时钟也是如此。有些人行道上安装了巨型时钟，许多商店墙上也挂着钟，透过橱窗便一眼可见。如今，公共时钟的数量相比从前已经少了很多，但通过互联网校准的电话和电脑，让人们与精确的时间紧密相连。人们的工作和休闲生活比以往任何时刻都更遵循钟表的指引，随时随地一瞥便知当下时间。

然而，对于中世纪的欧洲人来说,. 时间的意义又是另一回事了。在 14 世纪，王国和公国混战，镇上最好的钟往往会被盗，从一个镇子运往另一个镇子。当时有一台以其精巧的机械结构闻名的钟，被称为“艺术奇迹”，“放诸全欧洲无可匹敌……展示了太阳、月亮、星星的运动轨迹，以及潮汐的涨落”。[1] 据称，这台钟是由英格兰圣奥尔本斯修道院院长、来自沃林福德的理查德（Richard of Wallingford），在 1326 年为佛兰德斯城市科特赖克建造的。1382 年，法国军队入侵科特赖克，勃艮第公爵菲利普二世（Philip Ⅱ, duke of Burgundy）下令将这台精美的时钟拆下来，运往他的首府第戎。如今，时钟依然保存在第戎圣母院中，与运来前相比，多了一个带刻度的表盘。[2]

第戎的“艺术奇迹”之钟可能是第一台用砝码驱动的机械钟。而能称得上第一台真正的机械钟的，是 1360 年钟表制造师亨利·德·维克（Henri de Vick）为法兰西国王查理五世（Charles Ⅴ）制造的。和亚历山大的混合动力水钟一样，这台机械钟设计很简单，只有一根时针，在每天 24 个小时的时间里走动 12 次，重复两轮，来通报每个小时。[3] 没有钟声鸣响，没有小人偶从塔里进进出出，也没有复杂的运动。但德·维克花了长达 8 年时间才完成这台简单的时钟，因此，极有可能所有部件都是他亲手组装的。经过多番修复后，这台钟如今位于巴黎法院。它的动力来自一个由擒纵装置牵引的砝码，这是历史上第一台将 1 小时五等分的机械钟（为了提示分钟），这一点和现代钟表类似。

这些早期的混合动力时钟并不追求多精确，只是为了给人们大概的小时概念而已。当时的文明对于时间的要求比如今宽松得多。那个时代的人需要不断面对生命中各种各样的难题，如战争、饥荒、疾病和短暂的寿命等等，有大概的小时概念已然足够。第戎的时钟起初没有刻度盘（英文中的刻度盘一词 dial 源于拉丁语 *dies*，意思是“天”），只有机械控制的小人偶敲槌报时。在英语里，这些小人偶被称作 jack（杰克），源于法语 jacquemart（雅克马克）。雅克·马克（Jacques Marck）是一名来自里尔的钟表师和锁匠，他恰好是制造第戎时钟的钟表师的孙子。但这些敲钟的小人被叫作“雅克马克”，还有其他缘由。这个词语还有一个词源，即拉丁语中的 *jaccomarchiardus* 一词，字面意思是战争中穿的服装，也就是甲胄。在中世纪，哨塔里的士兵身穿甲胄，警告接近的敌人。[4] 不管词源是什么，第一批混合动力机械钟大多会通过机械人偶来报时。而如果你身处 1360 年之后数年的第戎，你每个小时都会听到鸣钟报时。

举世闻名的布拉格天文钟，则是世界上现存最古老的还在运作的时钟之一。当然，它也经历过停摆数年的时光，发条经过多次修缮，如今已采用现代化装置。但它所呈现的科学与工程上的奇迹，依然令人惊叹，毕竟这是 600 年前建造完成并投入使用的作品。

布拉格天文钟有两个表盘，一个是万年历，另一个则展示了太阳和月亮的运行轨迹。报时之前，两扇窗户会打开，窗户里是耶稣十二门徒。一个骷髅状的人偶——死神，站在较大表盘的右侧鸣钟，并将一个沙漏倒置，随后旁边另一个人偶会点头。还有两个人偶在左侧，一个拿着钱包，另一个拿着镜子——或许是代表虚荣。每到整点，一只公鸡会在大表盘上方出现，啼叫三声。

关于这座时钟，流传着不少神秘的传说，其中至少有一个完全是假的，却被不实地写进了历史书。还有一个是关于一位伟大的钟表师扬·鲁热（Jan Růže）的故事。布拉格的镇议员指定他来修理这座时钟，要求将其改造成公共广场上一道美丽而独一无二的风景线。此时这座钟已有90岁高龄，鲁热不仅修好了它，还增加了一个日历盘，并用活动的小人偶装饰了它。焕然一新的布拉格天文钟是如此完美，以至议员们担心鲁热因此变得远近驰名，其他镇子也会请他去建造类似的钟，这样一来，这一精巧的装置就将不再专属于布拉格了。于是，他们用烙铁弄瞎了鲁热的眼睛。鲁热也不甘示弱，向议员们的恶毒行径复仇：他找了一个学徒帮忙，破坏了天文钟内部的装置，让它停摆了整整一个世纪。[5]

还有一个传说，则和天文钟上的死神，也就是那个骷髅人偶有关。根据传说，一旦天文钟停止运行一段时间，骷髅就会点头，整个捷克会经历黑暗。让国家长存（同时使时钟重新运行）的破解之道，需要新年之夜有男婴降生。而当天文钟重新运转，已长大成人的男婴，必须在第一声钟声响起时，从教堂出发，横穿整个广场，并在最后一声钟声响起之前，跑进钟所在的市政厅。如果他成功了，就能够破除骷髅的诅咒，一切回归安好。[6]

中世纪是一个黑暗传说遍布的时代，如同当今充斥着阴谋论一样。关于布拉格天文钟的真实历史已很难厘清，现存的文献记载大多语焉不详，且相互矛盾。大多数历史学家认为，这座时钟至少有一部分是在1410年，即瓦茨拉夫四世（Wenceslaus Ⅳ）在位期间建造的，而整座钟完成组装并投入运行是在之后的1490年——前文提到的钟表师鲁热，将其打造成了一座充满巧思的天文钟。这座如今仍在运行的机械钟，堪称15世纪工程学上的一个奇迹。据传这座时钟最早是由皇家钟表师、来自卡丹的米库拉什（Mikuláš of Kadaň）设计并完成了部分工程，但很显然，整座时钟并不是由他完成的。因为根据诸多史书和文章记载，米库拉什于1419年就已去世。

较早的一本对中世纪时钟有着详细记载的著作，是菲利普·德·梅齐埃（Philippe de Mézières）于1389年出版的《老朝圣者之梦》（*Le Songe du Vieil Pèlerin*）。[7] 梅齐埃是法国十字军军人、政治家，这部著作很大程度上是他在欧洲和近东征战经历的个人记录。书里记载了一个 14 世纪中期生活在意大利北部城市帕多瓦的钟表师迈斯特·让·德斯·奥洛热（Maistre Jean des Orloges）的口述。这位钟表师根据当时流行的地心说制造了一台仪器，以黄道图为背景，模拟了行星及太阳绕地球运转的轨迹。

> 在这个球体上，任意选取一晚，都能清晰地看到天空中行星的坐标轨迹。它的复杂精巧达到了什么程度呢？零件数量多到不一一拆开根本数不清，然而整台仪器最终只用一个砝码就能操控。各地的天文学家闻讯纷纷赶来瞻仰这位大师和他的作品；无论是天文界、哲学界还是医学界人士，都声称这是一部前无古人之作，无论是在人们的回忆还是文献记载中，都不曾有过如此精妙描绘天体运行的作品。[8]

不过，这可能并非第一座机械制造的天文钟。在但丁的《神曲：天堂篇》（完成于 1320 年）第 24 首中，就有关于机械钟的描述：

> 正如时钟的装置结构中的齿轮
> 都各以互不相同的速度转动，
> 以致在观察者看来，

布拉格天文钟。图片来源：卡罗尔·安·洛博·约翰逊（Carol Ann Lobo Johnson），2014 年

第一个齿轮似乎静止不动，
最后的一个像飞也似的旋转。9[1]

由此看来，在但丁生活的时代，就已经有机械装置驱动的时钟存在，不过它们也可能是水钟，而非纯机械。那时，时钟一词的含义并没有那么泾渭分明，包含了日晷、水钟、机械钟，等等。或许，在古希腊和古罗马时期，水钟就已经使用机械动力了。

因此，很难弄清第一座真正的机械钟究竟是什么时候发明的。我所说的机械钟，指的是不靠水力，而是靠砝码、发条、摆锤这样的机械装置提供驱动力的钟。诚然，水力驱动的时钟也包含一定机械元素，例如缓慢旋转的水车，水车上连接着绳索，绳索另一端系着砝码，砝码置于盛水容器中的浮标上，水面下降时，砝码也随之下降，带动水车转动，但这些时钟并不是在计算事件。它们不计数，只是在断断续续地运动。一些学者认为，第一座机械钟是由中国数学家僧一行[2]等人所造。的确，僧一行等人在公元725年发明了一座时钟[3]，其中包含一个如今看来比较粗糙的擒纵装置。这台时钟

[1] 参见《田德望译神曲》,（意）但丁著，田德望译，人民文学出版社，2015年6月。

[2] 通常认为僧一行也是天文学家、佛学家。——编者注

[3] 指水运浑天仪。

不仅能指示一天中的时间，转动的浑天仪还能指示日月星辰的位置。但是，僧一行发明的时钟显然是一台水钟，机械装置起到的作用只是带动浑天仪转动。而在公元 8 世纪的中国中北部地区（现代上海以西区域），有各种各样以水为动力的机械玩具，有点像现在海滩上卖给孩子们的那种，但其中没有任何一种已知装置是由擒纵装置操控并能校准一天时间的计时工具。[10] 随后时间走到 13 世纪，当欧洲人需要更加可靠和精准的计时工具时，工匠们纷纷迎接挑战，开发出配有精巧装置的机械钟。特别是完善的擒纵装置，用于将连续运动打断，转变成间隔稳定、可被计算的短时间运动。擒纵装置就是机械钟，其他组件不过是在擒纵装置的运转下发挥报时功能。

想象一个轮子安装在一根轴上，轴上缠绕着一根绳子，绳子末端系着一个砝码。如果轮子能不受限制地自由转动，绳子就会逐渐松开，砝码会在重力的作用下下降，但重力会受到轴承摩擦力的阻碍。理想状态下，我们需要一个 60 齿齿轮，以每分钟转一齿的速率转动，这样一小时正好能转动一周。小的齿轮可以和大的齿轮相啮合，根据二者直径的比例调整转速，保持同步。但 60 齿齿轮能否按照设定的速率一齿一齿地转动，取决于擒纵装置的速度。擒纵装置的可调节性，确保了齿轮能以正确的速度运转。诚然，也有一些其他制动装置能起到降速至静止或持续匀速转动的作用，但不能计时，因为没有间隔区分。而如果能够以相同的间隔时长中断转动，就可以计算这些停顿了。这样一个巧妙的装置，才是真正的机械钟诞生的基础。

英国中世纪数学家萨克罗博斯科（Sacrobosco）的《天球论》（*Sphere*）撰写于1230年前后，是13至17世纪广为流行的天文教科书，从中我们得知：

> 要制作一座机械钟，需要一个每部分质量尽可能均匀的圆盘，将一个铅锤安装在圆盘的中轴上，该铅锤刚好能带动圆盘从日出到次日日出转动一周，再减掉根据大致估计太阳上升1°需要的时间。从日出到下一次日出，二分点上升了1°或稍多，这个度数就是一个自然日中太阳相对于天空移动的角度。[11]

20世纪的英国汉学家李约瑟（Joseph Needham）认为，上述记载说明，用砝码和擒纵装置制作机械钟的想法最早可以追溯到13世纪晚期。但李约瑟同时指出，那时对于擒纵装置的工程研究尚未完成，“擒纵装置的发明似乎要到14世纪初才算实现，但没有明确公认的时间点，当时的擒纵装置在设计上已经很先进，但工艺仍然粗糙”。[12]

几乎每一座早期时钟发明的起源故事，都已无从准确追溯。有些历史学家认为，区别于水钟的真正机械钟的发明，最早可以追溯到9世纪，有些则认为要到14世纪。证据无从考证，记录也难以追溯。试着追寻第一座摆钟（pendulum clock）的发明，你会首先掉入什么是“摆钟”的陷阱。就连钟摆的发明也有待定论，毕竟，任何末端悬挂一个“锤”、往复移动的物件，都可以称为“摆”。但“锤”的往复移动某种程度上就起到了钟的作用，如节拍器一般，能精确测量秒数。钟摆的为人所知及使用，远远早于机械钟。中国古代的天文学家就曾在观测日食时，用钟摆测量时间。对于测量时间而言，计算钟摆摆动的次数，比用日晷记录日影长短或是计算脉搏跳动要精确得多，更别提水钟了。同时，摆动的次数也无须和正常的太阳时间同步校准，因为钟摆之所以能够计时的基本原理，在于其在小幅度的弧线运动中稳定的摆动频率。一次弧形摆动，无论幅度稍大或稍小，所花的时间相差无几。早在伽利略重新发现这一基本特性之前很久，它就已为人所熟知和运用。

17世纪以前，几乎所有的钟都体积庞大且造价昂贵，通常由政府出资建造，以确保商业和市政服务平稳运行。这些钟一般位于城镇中央的广场上，每小时或每15分钟报一次时，钟声传至数英里之外。之后的改进措施以缠绕的发条替代悬挂的砝码作为动力，使得钟表师得以缩小钟的体积。但机械钟的核心原理是不变的：无论用发条还是砝码作为动力源，都是一种动力的传输，并通过往复的振荡运动来追踪时间的流逝。

钟表需要动力。必须有什么东西让它们能够持续运转，要么是悬挂的砝码，要么是由擒纵装置微微驱动的钟摆。到18世纪晚期，因为小巧、简单、易控制的发条盒及微型擒纵器的发明，使钟表缩小体积成为可能。所有的钟表——除水钟、沙钟、油钟之外，都包含一个最基础的振荡发生器结构。能够说明其原理的最佳例子，是以固定垂直的发条和砝码为动力源的机械钟。它的工作原理如下：通过下拉砝码达到延伸发条的目的，然后放开，发条就会上下振动，在伸展与收缩中产生分子力，由此将能量释放给空气阻力和热。根据胡克定律，发条每次伸缩，所储存的能量和伸缩的长度成正比。同样，石英钟和原子钟原则上也是通过这样的振荡过程运作的。石英钟晶体的分子和机械振动被电场扭曲，以每秒32 768次的频率振动。原子钟的动力则来自铯-133原子的自然振动，每秒可达9 192 631 770次。

一切新发明，起初往往体积巨大，然后逐渐变小。比如，我妻子的第一台手机——摩托罗拉的DynaTAC，重达900克，体积和她冬天穿的长筒靴差不多。17世纪的钟表也是如此。当时，旅行者已经开始对时间的准确性有一定要求，因为他们需要和公共马车到达、离开和中转的时间同步，虽然由于土匪横行和天气原因，严重的延误时有发生。富裕的绅士在旅行时往往会携带沉重的法式马车钟，装在皮袋子里。在黑暗的车厢里，他们无法查看时间，但是可以通过按下皮袋子上的一个按钮，进行 15 分钟内的报时——这个按钮，连接着钟表上的另一个按钮。白天，他们可以打开皮袋子，读取更准确的时间。在 16 世纪，放在口袋里的怀表和如同项链吊坠一般垂在胸前的挂表就已经出现，但它们的准确度有待提升，体积也相当大，往往用作奇珍异品展示。经过改良的便携式怀表要到一个世纪后才诞生，那时候有了可以放在西服马甲里的怀表，但依然没有大规模投入生产。

18 世纪中期以前，制表师们不断想方设法减小钟表的体积，并已成功制造出相当精准的壁炉钟和还算精确的怀表，卖给极少数富裕阶层的人，是身份的象征。随着文明的进步，世界从全球大探险和大航海时代前进到工业革命时期，再到计算机时代，商业社会对时间精确度的需求日益提高，钟表设计也伴随着这种提高不断进步。钟表设计本身的发展进展缓慢，人们的需求为它的发展提了速。

到 19 世纪末，经济发达的西方国家几乎每家每户都至少拥有一台时钟。时间掌控着人们做的每一件事情；越来越精确的时间逐渐建立了行为群体的新秩序，同时决定了实用主义的常规和习惯。时间变得不再随意，这都是更精确的钟表的责任。

直到 19 世纪中期，城市的每一座时钟都会根据当地时间进行调校。如果你在 1884 年之前，沿着纽黑文—米德尔敦—波士顿铁路线，从纽约出发去往波士顿，在抵达目的地之前，你需要调校你的怀表 12 次。19 世纪 80 年代以前，铁路时刻表一片混乱，纵横交错的铁路线上，缺乏调度的火车来来往往，在为数不多的站台上“共享”时间、装货卸货、载客卸客。这是因为，19 世纪中期以前，虽然有对协调一致时间的需求，但精确性并没有那么要紧，彼时除了工业城市的工人需要按时上班，生活节奏依然是缓慢的。奶牛要挤奶，猪要喂，面包师要在鸡叫前起床，孩子要去上学，教区居民要在教堂钟声响起后于大致准确的时间内到达教堂参见礼拜，但无论如何，15 分钟上下的误差，已经足够精确了。镇子中央有一座时钟就够了，它每天可能走快几秒，或者走慢几秒。只要全镇遵循这座时钟所显示的时间，人们的日子就能跟着指针的走动顺利地过下去，不必过分计较时间的精确程度。

19 世纪 20 年代，铁路在欧洲兴起，但最初的几十年只有短途线路，将相邻的城镇相连。到 19 世纪中期，列车速度不断加快，不同铁路公司建造的铁路开始互相连接。到 1860 年，在欧洲各国政府的推动下，接壤的国家开始有跨国铁路线投入运营。而在美国，时间混乱的情况更糟糕。华盛顿的中午 12 点，到了纽约是中午 12 点 12 分，在萨克拉门托是早上 9 点 2 分，在波士顿则是中午 12 点 24 分。全国范围内的

12 点都是根据太阳在当地天空中的位置进行调校的，因此奥尔巴尼的中午 12 点比纽约的 12 点慢 2 分钟。当时没有所谓的时区一说，每个城市都有属于自己的 12 点。

1883 年 11 月 18 日，《纽约时报》(*New York Times*) 发表了一篇专栏文章，名为《时间的逆向之旅》(“Time's Backward Flight”)，其中写道：“如果整个北美洲大陆从最东端的缅因州到西海岸，所有的钟根据当地时间在中午 12 点报时的话，钟声将持续 3 小时 15 分钟。那么这个中午，整个北美洲大陆将出现相当大的混乱。”[13]

当时，客运和货运列车共享铁路轨道，在政府的介入下，铁轨迅速扩张，四通八达。竞相扩张的各个帝国加紧对全球

公平人寿保险社大厦顶楼的波士顿时间球，波士顿，1881 年

贸易版图的瓜分，统一的世界时间变得很有必要。1884 年，在美国华盛顿，26 国共同参与了国际子午线会议，旨在确定平太阳时基准点的位置（中午 12 点整）。[14] 他们将“挑选一条子午线作为 0 度，以此统一全球时间”[15]。最后，穿过英国伦敦格林尼治的子午线被选为本初子午线。如今，格林尼治时间也被看作所有人类太空旅行的基准时间。

确定格林尼治标准时间（GMT）的前一天是一个周六，在全国各地，人们纷纷涌向珠宝店，想看看如何应对次日就要生效的全新非本地时间。许多被阴谋论预言蛊惑的民众，还害怕会因此带来突发灾难，比如经济大崩盘，甚至末日来临。毕竟，那还是一个用楼顶时间球来跟踪太阳，从而标记本地时间的年代。

即便新系统投入使用，人们也习惯了，但总有人觉得哪里不对劲——好像时间要么被偷走了，要么多出来了。新系统打破了太阳时带来的舒适感，人们知道是太阳在掌控一切。而如今，时间不光跳着走，就走 1 英里的工夫，时间还会变没了。突然之间，印第安纳州奥伯（Ober）的人们，只要穿过一条马路，就不见了一个小时。那么这一个小时，去哪儿了呢？

有一回，我周五晚上从旧金山飞往日本，也产生了相同的感受。我在萨摩亚标准时间早上 10 点 27 分经过国际日期变更线——这条假想的折线连接着南极与北极，看起来划分

萨缪尔·P. 埃弗里（Samuel P. Avery），雕刻家，“全球时刻表”（Universal Dial Plate or Times of All Nations），《格里森画报（波士顿版）》[*Gleason's Pictorial Drawing-Room Companion*（Boston）]，1853 年 6 月 25 日，第 416 页

得有些随意。在吉尔伯特群岛时间的 10 点 28 分，我的周五突然变成周六，我失去了整个周五。当然，我明白，这是在我的时间银行里储蓄了 24 小时，我的生命并不会因此变短一天。不过，当我想支取这些时间时，我又忍不住想，如果我不断向西旅行，我的时间储蓄会不会继续增加，变成两天？答案是，当然不会！向西飞行与地球自转的方向相反，因此你每穿越 23 个时区中的一个，就要兑现一个小时，直到到达第 24 个时区，将 24 个小时全部“提现”。真令人遗憾。

因为穿过国际日期变更线而丢了一天不是大问题，不难解决，但免不了令人困惑。各国政府同意人为将时间硬性划分为时区，也是如此。如果你对时钟的工作原理知之甚少，就很容易被搞糊涂。1610 年之前，西方国家大多采用格里高利历（Gregorian calendar），只有英国依然使用儒略历（Julian calendar）。直到 1750 年，英国颁布历法法令（the Calendar Act），将英国及其美洲殖民地和其他欧洲国家统一了日期。1752 年 9 月 2 日，英国政府宣布不会再有 1752 年 9 月 3 日，第二天就是 9 月 14 日，中间整整少了 11 天。法令关于日期的表述说得很明确，但一些人认为他们的生命因此变短了。画家威廉·荷加斯（William Hogarth）在讽刺画《一次选举娱乐》（*An Election Entertainment*）中就描绘了一个标语：“把我们的 11 天还给我们。”据史书记载，人们之所以发动暴乱，就是因为他们认为自己损失了 11 天的生命和工资。历史学家罗伯特·普尔（Robert Poole）在其著作《时间之变》（*Time's Alteration*）中也佐证了这一说法："一些无知的民众认为，这项法令剥夺了他们 11 天的生活。这个荒谬的想法在荷加斯的画中呈现得淋漓尽致，暴民扔掉手中的帽子，大声喊着'还回我们 11 天'。"[16]

这一场暴乱未必为真，毕竟荷加斯是一名讽刺画家，而不是一位历史学家。而且，1750 年《历法法令》对于可能产生的误解，已经做出说明："本法令中的任何内容，均不得延伸或扩大解释，致使任何租金或款项，因任何习俗惯例、租约、契约、债券、字据、票据、合同等形式的协议，提前付款期限或要求付款。"[17]

这种对时间的人为干预，固然有其合理性，却和人们对时间的敏感度开了个玩笑。直觉上，人们通常认为时间如同一条长河，应是匀速且连续不断流动的。在工作和日常生活中，人们感觉时间是绝对的，世界各地都如此，甚至在月亮上也亦然。24 小时一天的概念，是神圣不可动摇的。我们从小就在这种认知下生活，以至任何调整都会弄乱我们的生活方式。我们内心深处坚信着以天、小时、分和秒组成的时间传统。我们在某些时间睡觉，在其他时间起床、工作、吃饭、娱乐，依据的是心情或周遭状况。人们的时间安排既是随机的，又遵循着一些传统。而一旦形成习惯，它就成了人们生活系统的一部分，唤醒直觉，强化人体的生物钟。

这种传统而武断的时间观并没有普适性，而是一种“某个东西就在那里”的幻觉，好比重力、热量或大气压自然而然存在于人们的生活中一样，给人们以绝对的时间观。如果我们身处月球，观测月球的昼夜，就会产生和地球上一天 24 小时截然不同的时间观。月球自转一周需要约 648 小时，从地球上观察月球，它仿佛是静止不动的。这是因为月球的自转几乎和地球同步。换一种说法，月球绕地球转一周大约是 27.322 天，而它自转一周差不多也需要这么多天。因此，月球相对我们来说，似乎是静止的。如果我们将 1 个月球日分割成 24 个月球小时，每个月球小时大约相当于 27 个地球小时：时间长度不同，对时间的感受自然也不同。但是，尽管对时间的衡量大相径庭——一个地球小时仅仅等于 1/27 个月球小时——但事实上，人类的时间观不会有太大变化，因为我们毕竟仍是地球生物，体内固有的生理节律牢牢控制着我们对时间的感受。

阿波罗 17 号的宇航员尤金·塞尔南（Eugene Cernan）和哈里森·施密特（Harrison Schmitt），作为阿波罗计划最后一批登上月球的宇航员，曾花 22 小时 4 分在月球上操纵月球车。这 22 小时 4 分，按月球时间算来，只过去了一天的 4/5。但他们对月球时间毫无感知。即便身处月球，他们所有的时间也都是按照格林尼治标准时间统一调校的。任何时间感都需要对持续时间的感知，而不仅仅是感知和另一个时间点毫无关系的特定时间点。宇航员忙于操纵月球车、收集月球标本，要说他们所能感受到的时间，就是从开始步履缓慢的月球漫游到返回着陆点的这段时间。这才是他们真正关心的时间。因此，无论在月球尘埃上留下第一个脚印或进入月球车具体是什么时间点，都只是一个标记，最终与回到月球车的时间相减，以计算出整个探月行动所持续的时长。持续时间就是持续时间，如何计算并不要紧。对持续时间的感知，一方面和人类经验及生理节律紧密相连，另一方面能够数字化测量，以恰当反映人类的感受。

但是这种测量也有复杂的一面，它会受到人在这段时间内有多专注于眼前之事的主观影响。不妨想象一下塞尔南和施密特在寻找人们从未见过的月球标本时紧张投入工作的样子。不管是月球时间还是地球时间，在他们的感受里，时间一定过得飞快。

问题的症结在于，我们现在所讨论的，已经不是钟表了，而是时间本身。我们大可以将时间简化为周期性运动和计数装置，或是将其和地球的自转周期挂钩。尽管一天 24 小时已成惯例，但事实上，由于月亮和潮汐的关系，时间每小时都在变慢。幸运的是，关于一个古老的问题——地球的自转是否是恒定的，我们如今已经有了答案。

很久之前，人们就知道，潮汐摩擦是地球自转的阻力。但地球自转的速率究竟怎样改变，人们并不清楚。20

世纪 80 年代，英国杜伦大学的理查德·史蒂芬森（Richard Stephenson）、莱斯利·莫里森（Leslie Morrison）和他们的团队解开了这一谜题，由此我们得以精确知晓一个世纪以来一天的长度究竟增加了多少。史蒂芬森和莫里森分析了自公元前 720 年以来的日食和月食数据，包括古巴比伦楔形文字碑上的记载、希腊天文学家托勒密（Ptolemy）的《天文学大成》(*Almagest*)，还有来自中国、欧洲和阿拉伯的天文学家的著作。他们将这些数据与计算机模型相比较，计算机模型记录了如果地球自转从彼时到当下保持不变，日食与月食应该会出现的时间和地点。结果发现，每隔一个世纪，一天的长度会增加 1.8 毫秒。也就是说，每一天，因为月球和潮汐的关系，地球每天的自转都会比前一天慢一点点，[18] 使得每天比前一天长六亿分之一秒。[19] 因此，我们可以这么说，每个今天，都是你迄今为止生命中最长的一天，而每个明天，又会更长一点。

插曲　一位钟表师眼中的时间

雷·贝茨（Ray Bates）70 年前师从苏格兰爱丁堡著名的钟表师 R. L. 克里斯蒂（R. L. Christie），随后移居美国波士顿，又迁至佛蒙特州的纽芬镇（Newfane）。在此期间，他逐渐以“英国钟表大师”之称蜚声国际，专攻 17、18 及 19 世纪钟表珍品的修复和保护，维护最初的钟表制造者的心血。他告诉我们：“通过触摸 300 多年前钟表师手中打造过的相同的金属，你会和他们产生某种羁绊。”我想，这便是经年累月的匠人工作带给他的回馈吧。

雷现在已经退休，而他的最后一任学徒，是他的儿子理查德。理查德成为一名古董钟表技师也已有 20 个年头，现在管理着这项家族事业。我问理查德，有没有哪一座钟内在结构的精巧美妙程度令他震撼难忘。他告诉我，他正好刚完成一件这般珍品的修复工作，那是一座荷兰自动音乐钟。“一件

18 世纪的荷兰自动钟，图片来源：理查德 · E. 贝茨（Richard E. Bates）

稀世珍品，”他介绍，“那是一座镀金的钟，上面有一幅田园牧歌的画面：牛儿在草地吃草，渔夫在河里钓鱼，农民在山坡上割草，背景则是月亮和一座风车。月亮实际上是时钟，而整个装置是全自动的。”他还向我展示了另一座他正在修复的类似的钟，描述了上面的自动化装置：“牛吃草时会上下点头，渔夫的钓竿每 60 秒从河里钓起一条鱼，风车转动叶片，马儿摆头。为了实现这些动态效果，大量滑轮和线相互交错，并和时钟装置迂回相连，令人惊叹。这座钟可以播放 6 首荷兰曲子，月亮则根据实际周期显示阴晴圆缺，表盘显示月份和当天是星期几。每个月还会出现一幅精美的农民浮雕，穿着应季的服饰。这下，你能理解我为何被这些荷兰古董钟深深迷住了吧。”除了时钟本身，图画上的种种动作没有任何实用目的，仅仅是为了彰显技术而已。“我也乐于修缮时钟的部件，那是一项令人激动的工作。”

我询问他对于时间的看法，以及他认为时间应该是什么。“于我而言”，他告诉我，“时间是一件很具体的事。当我工作时，我会在打卡机上打卡，记录开始时间。对我来说，时间是对活动的记录。对于任何人类的理性活动，时钟都能以精确到秒的程度测量其持续的时间。”他指了指工作室里所有的钟，然后对我说，这里所有的钟，都能够精确计秒；然而，他停顿一会想了想，又说道：“真有趣，我干这行 20 多年了，从未有意识地问过自己这个问题。我的业务信函的信头上写着我是一名钟表师——简单概括，就是‘研究时间和制造钟表的人’，我的工作，就是修复这些精美的古董机械钟，让他们恢复其最初制造者所设计的计时功能。我们让这些手工珍品重新运转，而有那么一瞬，我们仿佛和最初制造它们的人融为了一体。”

这并不是我想象中的答案，但确实是一个日夜与机械钟相处之人的肺腑之言。在这种相处过程中，他完成了一场跨越时间的旅行，与机械钟最初的制造者心灵相通。或许，其他钟表师也会给出相似的答案吧。无论抽象概念里的时间是什么，都不重要。对钟表师来说，测量时间就是核心诉求，而推动时间向前移动的机械装置有着终极价值。我们唯一需要知道的，就是一项活动的开始和结束。对于时间究竟是什么的深刻洞察之一是，时间总在流逝，知道一项活动已经花了多少时间，离结束还剩下多少时间，就足够了。钟表师很清楚这一点，同时也深知，任何弄清时间更深层次概念的尝试都将终于幻觉，陷入现象学的泥沼而无法脱身。

03 每周的第八天（时间的循环）

Eighth Day of the Week (Cycles of Time)

在一次从明尼阿波利斯飞往卡尔加里途中，我听到一个孩子问父母："为什么一个星期有 7 天？"父亲答道："因为上帝创造世界的过程中，在第 7 天休息了。"当我正在思考这个不太有说服力的答案时，聪明的女孩追问："明白了，爸爸，但为什么是 7 呢？上帝不能工作 7 天，然后在第 8 天休息吗？为什么上帝选择花 6 天时间完成工作？"这番对话来自我的后座，我强忍着转过头表达自己看法的冲动，不去打断他们的谈话。她的问题是孩子们常会思考的，大人们也往往给出看似无可辩驳，实则有失偏颇的答案。那个女孩接受了这一来自《圣经》的结论，但依然对为什么是 7 紧追不放。她接着问道："为什么不是 6 或 8 呢？"然后，一位空乘经过，提供饮料和零食，打断了这场对话，留下父亲最后会给出什么答案的悬念。

对于女孩的问题，有一个较有说服力的答案来自古巴比伦。至少这个答案将这位父亲的回答指向了一个算不上众所周知的方向。古巴比伦的天文学家很早就开始研究月光和 4 个月相。我开始思考，有没有可能，正是这 4 个月相，带来了 7 天？这或许来自《圣经》十诫中的第四诫："当记念安息日，守为圣日。"这 4 个月相是：上蛾眉月（waxing crescent）——从新月持续到上弦月；盈凸月（waxing gibbous）——从上弦月到满月；亏凸月（waning gibbous）——从满月到下弦月；下蛾眉月（waning crescent）——重新回到新月。凸月之凸（拉丁语中的 gibbous 一词），指月球表面明亮的部分大于半圆，但小于圆。这 4 个月相，每一个大约持续 7.4 天，或许这就是一周 7 天的神奇数字 7 的由来。如果我们有月亮历，根据月球运行的周期——29.53 天来计算日期，那么 7 就是 29.53 除以 4 所得最接近的整数了。而且，7 也是适于将天组成便用周期的几个整数中唯一的质数，不能再分拆为自身和 1 之外的其他整数。7 这个神奇的数字在很多文化中都具有相当高的地位，8 则要逊色一些。同样巧合的是，地球自转一周是 365 天，如果除以 12，得到的结果约为 30.4 天，非常接近 29.53 天。但如果将 30.4 再除以 4，得到的结果其实更接近 8。想想！如果这样计算的话，我们的一周可能就有 8 天。或许一切只是宇宙尘埃在 45 亿年前形成地球时的偶然事件。不管是神的旨意，还是宇宙间的巧合，我们如今形成了昼夜和四季，有了代表过去、现在和未来的日历，以标记人们的历史、约定、预言，以及普天之下一切活动的时间。正如《传道书》第 3 章 1—4 节所言：

> 凡事都有定期，天下万务都有定时：生有时，死有时；栽种有时，拔出所栽种的也有时；杀戮有时，医治有时；拆毁有时，建造有时；哭有时，笑有时；哀恸有时，跳舞有时。[1]

《传道书》继续罗列了许多不同的活动，休息显然也是其中之一。如果不考虑宇宙尘埃如何形成我们的星球并将其送入轨道的原因，我们可能会认为用第 7 天将时间分割成日历上一周又一周的缘由在于《创世记》第 2 章 2 节："就在第七日歇了他一切的工。"将年分割成月，再将月分割成周，在文明和生命之路上设下了里程碑。日历是一座标记你当下处于哪一天的"钟"，但它的作用，绝不仅仅是为了提示 24 小时的周期循环。日历看上去是一个循环，但从三维角度来说，它穿越永恒——哪怕不是永恒，也能到达人类的极限所在。它就像一个图书管理员，给人类的身体、心灵和集体意识提供了统一的秩序，让人类得以继续一同生存、一同变老。它让我们一览自己的过去、现在和将来。日历的诞生比钟表

[1] 参见《圣经》和合本。

早了几千年，这完全是有理由的。如果不借助天空中的标记，人们很难分割一天的时间，却不难辨别新的一天的来临——因为有黑夜。要制作一本日历，你无须成为一名天文学家，只要观察足够敏锐即可。如果说钟表是时间的图示，那么日历就是直观地将一天又一天加以区分。

古埃及人对于过去的概念很混乱，因为日历完全由掌权者操纵。在他们的文化里，历史似乎不太重要，可能是因为辉煌总在重演吧。不过，他们确实通过艺术记录自己的历史。而犹太人受巴比伦人的影响比受埃及人的影响大。和巴比伦人一样，犹太人的日历是根据月亮制定的。与埃及人相反，犹太人的时间观基于过去和未来，作为上帝创造世界的延伸。《出埃及记》（*Exodus*）讲述了公元前1000多年犹太人逃离埃及人的奴役而获得自由的故事。他们随后在一个名叫迦南的地方定居下来。迦南位于埃及和巴比伦之间，这个地理位置也可以说是介于幸运和不幸之间。公元前722年，亚述人入侵迦南并将其摧毁，一些犹太人因此踏上逃亡之旅，一部分被放逐到亚述，一部分定居在耶路撒冷。公元前586年，巴比伦人捣毁了耶路撒冷神庙，驱逐了许多犹太人。之所以讲这个故事，我是想说明，为什么犹太人的时间观和他们北边的邻居截然不同：他们将不幸视为对上帝不虔诚的惩罚。而正是因为他们的过往有着如此多的不幸，他们寄希望于未来，希冀救世主能够来拯救他们，打败凶残的敌人，恢复犹太文明往日的荣光。只要一想到弥赛亚，他们就对未来充满希望，因此，无论当时还是现在的犹太人，都关注时间的两面，即过去和将来。通过在逾越节（Passover）讲述《出埃及记》的故事，过去得以鲜活地重现。犹太人的节日要么是为了纪念一些人物，要么就像普林节（Purim）一样，是为了重现某个历史事件。对犹太人来说，时间不是一支单向的箭，而是双向对称的。在犹太历史上，过去的重要性不仅在于纪念，也是为了防范将来重演历史的痛楚。

中国厦门大学学者阿尔贝托·卡斯泰利（Alberto Castelli）指出，中国历代对文明的思考都立足于当下。人们可能会认为，受佛教来世和因果观念的影响，中国人会超前思考时间，而不是活在当下。尽管佛教约在两汉之际已传至中国，但对于来世的观念，在中国的接受度并没有在印度那样高。现代汉语没有过去时态和将来时态，但它是高语境语言。也就是说，如果你用汉语讲述过去或将来的一件事情，需要额外使用介词，或通过语境说明这个动作究竟是发生在过去，还是将来。[1] 如果要说“我去纽约了”，你需要加一个表示时间的词，比如“昨天”，才能表示是过去时，然后这句话就变成“我昨天去纽约了”。表达将来也是一样。如果要说“我要去纽约”，人们可能会说“我明年要去纽约”。[2]

与印度、波斯、巴比伦、希伯来和希腊的早期文献不同，中国古代文献中没有世界以某一时刻为起点的创世故事。年表始于皇帝就位、王朝更迭，而非某个特定的日子。传记往往写得仿佛人物还在世，祖先血统成为活着的人和死去的人之间的纽带。[3] 活人之间的联系在中国神话中极为重要，而对于未来，也有某种神秘的启示。比如，会有一根看不见的、代表姻缘的红线，将命中注定要相爱的人连在一起。这个神话故事起源于月老，他是掌管婚姻和恋爱的神。据说婴儿出生后，月老会将一根看不见的红线的一头拴在其脚踝上，另一头拴在另一个异性婴儿的脚踝上。总有一天，长大后的两个婴儿会相遇，然后喜结连理。这个相遇的日子，也是由月老提前决定的。

卡尔加里航班上的那位父亲，对于孩子的问题，给出的是一个“安全”的答案。当我受宇宙运行原理的引导思索我自己的答案时，他给出了一个经过时间考验的、来自神灵的答案。我相信，对他来说，牛顿和哥白尼或许已经解释了宇宙运行的原理，但月亮和行星的运行仍然遵从神的旨意。神主宰自然界的一切，包括宇宙。《圣经·诗篇》第 19 首中，大卫王歌颂了神的荣光，前两句写道：“诸天诉说神的荣耀，穹苍传扬他的手段。”[1] 和埃及人及希腊人不同，希伯来人将太阳、月亮和星星都视为神的作品。[4] 然而，以 7 天为一周的历法，早于大卫王一千年就已出现。那时候巴比伦人奉马

[1] 参见《圣经》和合本。

尔杜克（Marduk）为守护神，他掌管水、作物和正义，也是至高无上的主神。而当时历法的作用，大多在于提醒加冕礼这样的重要仪式或其他宗教节日。英国数学家、科学史家杰拉尔德·詹姆斯·惠特罗曾指出："君王（king-priest）是天空中看不见的神的象征，由他执行的仪式，便是重复神的行为，因此时间和特性必须与上天的仪式相一致。"[5]

希腊化时期还有另外一种循环模式。斯多葛学派的宇宙观认为，世界就是一个"曾经如此"并且会不断重复的集合体。当太阳、月亮和行星在天空中连成一条直线，就会发生一些神秘事件。巴比伦时代，这样的年份被称为大年（Great Year），以彰显其神圣地位。这不难理解，毕竟上述三者连成一线是极为罕见的现象；对于那些相信天兆的人来说，大年无疑预示着大事件的来临。试想一下，太阳、月亮和行星作为某种天文时钟，要花相当长时间才会重复一次运行轨迹。如果这些天体回到过去某个时间点的位置，那根据合理的推测，所有随它们而动的物体都有可能恢复之前的样子。公元 4 世纪，一位生活在叙利亚西部埃米萨镇（Emesa，今霍姆斯）的主教是这样描述大年的：

> 斯多葛学派的学者指出，当行星在特定的时间段回归宇宙最初形成时的相对位置，将会导致一场大火，世上万事万物毁于一旦。宇宙将会精确还原到之前的样子。

> 恒星重新在轨道上按之前的周期运行，没有任何变化。苏格拉底、柏拉图，以及地球上的每个个体，都将重新活一次，依然有相同的朋友和城邦公民。他们仍会经历相同的人生，从事相同的活动。每个城市和村庄也会重新回到过去的样子。[6]

柏拉图的《蒂迈欧篇》（*Timaeus*）对此现象也有清晰的描述："按着八个星体的相关运转速度在同和相似运动中完成其历程时，这个完善的时间就是完善的一年。"[7][1]

与达尔文共同发表论文的英国探险家、进化论生物学家阿尔弗雷德·拉塞尔·华莱士（Alfred Russel Wallace）曾写道，尽管从目前的证据来看，地球是整个太阳系中唯一有生物居住的行星，极有可能也是整个宇宙中唯一符合生命体生存条件的星球，整个宇宙依然"在每一处细节上为了适应有机体生物的有序发展做足了准备，而有机体生物的最高等形态，就是人类"。[8]从他的行文来看，并不能确认他是否认为宇宙是由神创造出来的，目的是为了孕育以人类为最高等形态的生命体，但至少马克·吐温（Mark Twain）是这么理解的，还语带嘲讽地反驳了华莱士：

[1] 参见《蒂迈欧篇》，（古希腊）柏拉图著，谢文郁译，上海世纪出版集团，2005 年 5 月，第 26 页。

> 人来到地球上已经有三万两千年了。为人准备一个地球，这足足花了一亿年，证据确凿。依我猜，事实就是这样。我不知道。若用埃菲尔塔代表地球的年龄，那么，塔尖小圆球上的那层漆皮儿就代表人类的年龄。是人都会明白：这座大铁塔原来就是为了那层漆皮儿才造出来的。我承认，事实就是如此。我不知道。9[1]

如果地球的自转和公转是神的旨意，那么这就是最好的情况了。我很庆幸自己出生在一个一周有 7 天的星球。一周 8 天我们受得了吗？我不知道。

[1] 参见《来自地球的信》，（美）马克 · 吐温著，肖聿译，中国社会科学出版社，2004 年 1 月，第 155—156 页。

若是连最伟大的哲学家在探讨时间的本质时都感到困窘，若是连他们中的一些人都完全无法理解时间到底是什么，若是连盖伦（Galenus）都声称时间是神圣的与不可理解的，那么对于那些不关心事物本质的人，我们又能指望些什么呢？

——迈蒙尼德（Maimonides），
《迷途指津》（*The Guide for the Perplexed*）

第二部分

理论家和思想家的观点

PART II

Theorists, Thinkers, and Opinions

04 芝诺的箭（时间的连续性）

Zeno's Quiver
(The Stream of Time)

几乎每个孩子，生来就是哲学家。孩子们经常会问一些专业哲学家终其一生思索的问题。我童年时期生活在布朗克斯，在那些不玩棒球、手球和翻纸片游戏的夏日午后，我就会和小伙伴们随便坐在谁家门口，争论很多无解的问题，比如，如果没有米基·曼特尔（Mickey Mantle），洋基队会变成什么样？世界上最大的数字是什么，最小的东西又是什么？我们很少争论关于时间的问题，但“最小的东西”这个话题总是翻来覆去地提及。我们会把物质细分到原子、电子，然后才到令人烦躁的问题：“好了好了，现在是电子，再把电子打破，是不是就能得到更小的物质了呢？它一定是由什么东西组成的！”对一个 10 岁孩子来说，一想到无法把一个东西分成更小的东西，真是一件相当烦人的事情。全世界的孩子都会思考这一类问题。而成人的思考体系，则会问一些我们往往认为答案倾向于理所当然的问题。当年的我们，脑海中显然没有空间的量子理论知识储备。这些理论认为，普朗克长度（Planck length）是宇宙中最小的物理尺寸（约为 1.6×10^{-33} 厘米），而想要测量比它更小的物理尺寸，只会陷入无尽的不确定和彻底的无用功。

对时间的思索一直是哲学的核心，包括时间是否存在于人的意识之外，是否超越此时此刻而存在。“此时此刻”在到来的瞬间就已经离开，而这个时间点，理论上分割了过去和未来。但这样一个时间点其实只存在于人们的脑海中，因此，要研究它就只能自欺欺人地放宽标准，将它想象成一小段间隔，比一瞬间长那么一点。[1]

公元前 5 世纪，前苏格拉底时代哲学家爱利亚的巴门尼德（Parmenides of Elea）就已提出关于时间的学说。他的学生，同样来自爱利亚的芝诺（Zeno），将时间视为许多连续的瞬间，由此得出了一个荒谬的结论：运动是不存在的。他没有从逻辑上论证过这些假设，比如，他根据自己的飞矢悖论推导出，由于一个物体在任何一个不可分割的瞬间都是静止的，因此它也不可能在一段时间里是运动的。他指出，一支从弓上射出的箭，在任一时刻，一定沿着它的轨道处在某个特定的位置。在那个特定的位置和时间，它一定是静止的。也就是说，无论你什么时候看这支箭，它都是静止的。那么，它又如何能从一个地方到另一个地方呢？但如果它没有运动，它又是怎么到达目的地呢？甚至连离开弓都不可能！在芝诺看来，将时间冻结在任一瞬间，观察这支箭，就像拍一张箭的静止照片一样。事实上，我们知道，那样的一张照片——我指的是现代摄影技术意义上的照片——也并不是在一个极短瞬间里拍下的，而是在一连串短到无法察觉的时间段里拍下的，这个时间段有开始，也有结束。如果用显微镜观察这张照片的话，它其实是模糊的。但芝诺不这么认为。他坚信，在任何一个特定的时间，箭一定处在某个位置，由此得出了这样一个关于时间和运动的悖论。这个“飞矢不动”的悖论，连同芝诺其他悖论一起，提出了一个根本性问题：即时间和空间究竟是连续的，还是像一串珠子一样，由一个个离散的单元组成。

芝诺的论点要求我们停止一支飞行中的箭，停止时间，以便在不破坏其飞行的情况下，观察这支静止的箭。数学家可以轻易做到这一点：将时间停止，抽象地想象一支箭，并相信飞行过程中静止的箭与射出的箭是同一支。但数学家只是用脑海中静止的箭的形象替代了数学抽象概念。如果大脑中有一块屏幕的话，这个形象会很清晰，却不是一支沿着轨道顺利飞向目标的真实存在的箭。

我们知道箭穿过空气在飞行，我们看到了它的发生。但难点在于，我们无法解释为什么。在数学和物理学中，时间是一个变量，可以简单地用某个数字指代。我们把箭处于某个特定位置时的时间用 t 表示，通过数学公式能够准确计算出那个时间箭所处的位置。但这意味着，我们关于运动、空间和时间的数学模型，不过是人们为了便于计算而构建出的智慧的产物，然而，更远大的目标是我们希望能借此来描绘出现实的结构。而这种结构应该假定我们知道 t 除了是一个数字之外，它真正代表的是什么，或至少知道它和我们对时间的认识究竟有什么关系。

我们目前已知所有关于芝诺的生平，大多是基于他死后大约一千年才写下的零星片段和历史资料所做的猜测。我们从中得知，他写过一本伟大的著作，还曾作为柏拉图学院的教科书，但如今已完全失传，荡然无存。公元 5 世纪希腊哲学家、数学家普罗克洛斯（Proclus）是如今我们了解古希腊几何学的主要来源，据他所言，芝诺曾撰写过一本包含 40 个悖论的著作，但未出版就已失窃。而通过亚里士多德的引述，其中的 4 个悖论逐渐广为人知，随后，从柏拉图到伯特兰·罗素（Bertrand Russell），许多知名学者对芝诺悖论进行了深入研究，写下大量文献，连接了历史。

芝诺著作的缺失，让人怀疑这样一个人物是否真的存在，还是只是柏拉图的《巴门尼德篇》（*Parmenides*）中一个虚构的人物。不过，现存的许多材料讲述了他深刻的哲学思想，足以连成一个完整的故事，无论这个人是否真的存在过。柏拉图和第欧根尼·拉尔修（Diogenes Laertius）记录了芝诺曲折的生平故事，而亚里士多德和普罗克洛斯则在著作中介绍了他的学说。[2] 剩下的，就靠人们用推测来弥补了。

每一个芝诺悖论，都将连续性视为人的主观印象，是人脑虚构出来的幻觉而非事实。我们先来看看古希腊神话中善跑的英雄阿喀琉斯和慢吞吞的乌龟赛跑的故事。在阿喀琉斯让乌龟先跑一段路之前，他就应该知道，在每一个瞬间，他都只能追到乌龟曾经所在的位置，因此，他注定会输掉这场比赛。当然，如果我们将整场比赛视为由一个个追逐的瞬间所组成，阿喀琉斯的确会输。

尽管数学家试图用一些描绘运动现象的数学逻辑模型（比如代数或无限级数）来解释这些悖论，但他们没有达到目标——对时间的幻觉和持续运动的宇宙存在天然的和谐给出现象学上的解释。没错，数学家能够告诉我们箭到底处于什么位置，阿喀琉斯什么时候能超过乌龟，或者我们什么时候能走到房间的另一头，但如果不改变我们对空间的感知，以适应我们对时间连续性的固有直觉，他们就无法告诉我们原因。用代数的方式，我们能够得出阿喀琉斯追得上乌龟的结论，但这是基于实数列的性质和时间一样，是连续性的。然而，我们却不能精确地模仿任何由原子组成的实体的现象学性质：在这些原子中，活跃的电子通过离散运动不断变换运行轨道，它们的能量也以不连续的量子包的形式不断变化。

芝诺提出的几个悖论，让人们陷入思考：箭的运动是离散的，阿喀琉斯永远只能到达乌龟先前到过的位置，一个人如果想要走完一段路程，要先走完其 1/2，然后是 1/2 的 1/2，如此往复，没有尽头。但思考一阵后我们就会意识到，要解决这些关于运动的悖论，关键在于解决测量时间的悖论，因此，我们需要放到数字的框架内来考虑这些问题。

“世界上最聪明的东西是什么？”毕达哥拉斯煞有介事地问道。[3] 他的答案是“数字”。这一智慧，已被复述千年。我们如今知道，他是对的：这个世界上绝大多数东西，都由数字组成。在这个数字化时代，即便是手机上的图像，也完全是由数字组成的。那么晴天时候的蓝天呢？同样，也是由数字组成的。

蓝天可以视作蓝色的投影，而蓝色是指波长变化范围在 450~495 纳米之间的可见光，该数值会随着天空位置角（position angle）而变化。1 纳米等于 10^{-9} 米。人的肉眼分辨不出 451 纳米波长的蓝色和 450 纳米波长的蓝色之间的区别。蓝天是由一系列波长不同的蓝色所组成的，因为波长是一个个离散的整数，因此这些蓝色之间存在间隔，但这些间隔肉眼辨别不出。尽管辨别不出，但可以通过波长测量出来。也就是说，尽管位置角不具有连续性，天空的颜色却可以通过离散波长的变化而发生变化。这就混淆了数学上的连续性和实体世界的连续性之间的区别，可以归结为数学模型里的微小要素、间隔、瞬间与实体世界里原子和亚原子激发行为之间的差异。时钟固然可以精确测量时间，时间本身却能够“狡猾”地躲过世界上最精准的钟表。按照目前国际公认的规定，1 秒钟是铯 -133 原子振动 9 192 631 770 次的时间长度。在铯 -133 原子内部，电子会不断上升，辐射光子以稳定的 9 192 631 770 核磁频率振动。通过计算铯 -133 原子辐射光子的数量，原子钟可以极为精确地测量时间，20 万年的误差都不到 1 秒。但即使是这样的钟，也无法真正抓住时间，因为他们是通过计算相邻的整数来测量时间的，而不是连续的、没有一个明确“邻居”的实数。

1956 年以前，1 秒钟的长度是根据地球自转和公转来定义的。这并不是个稳定的定义，因为月球引力会导致地球自转速度变慢。后来，美国海军和英国国家物理实验室的天文学家开始研究金属元素铯 -133 原子的振动，他们发现，其振动频率要比地球运转稳定得多。人们经常将速度和钟表联系起来，作为变化的衡量标准，但其实并非一定需要钟表的介入，才能体现变化。我们可以说，一辆火车正以 100 英里每小时的速度前进；但如果换成以人的心脏跳动为基准，也能说出火车的速度，大约为 450 次心跳。这并不是两个毫不相关的单位之比。换成心跳之后，时间看似不在这段关系里了，但我们不要被骗了，时间其实还在，只是我们用心跳代替了钟表的角色。尽管计量单位不同，但无论是心跳还是时钟，都在以自己的速度运转着。

钟表通过一套擒纵装置进行运转，或借助铯 -133 原子的能量振动，但钟表并没有从更宏观的层面去标记时间。时间是实体世界和观念世界的交汇；在观念世界里，我们很难用数学的方式去标记和测量观念。比如说，“现在”是一个正在行进的物体，但由于“它”在数列里太微小，难以用一个小飞镖射中“它”。“现在”运动得如此之快，你只能在当“它”成为过去的时候，才意识到“它”的存在。

为了区别数学上的连续性和实体世界的连续性，让我们先回到公元前 5 世纪。彼时，自然哲学派学者留基伯（Leucippus）和德谟克利特（Democritus）提出原子论，认为世间万物由原子构成，原子是不可分割的最小单位。根据这一古老的理论，原子是不可破坏和分割的最小单元，组成了不同形式和尺寸的物体；通过互相连接和碰撞，原子又形成了宏观世界里更大的物体。从形而上的角度思考，这个理论不难理解，毕竟，无论一个人受教育程度如何，但凡有点好奇心的人一想到一个物体是由什么组成的，映入脑海的想法就会是原子论。哪怕是我童年那些住在布朗克斯的小伙伴，也都曾认为自己发现了原子论。

为了理解时间的最小组成单位，我们必须先考虑“无穷小量”（infinitesimal）。关于无穷小量，可以追溯到德尔斐神谕的故事。当阿波罗让瘟疫侵袭提洛岛时，人们向神谕求助该怎么办。神谕给出回答，献给阿波罗的黑色大理石立方体圣坛，体积必须是原来的 2 倍大，但要保持立方体形状。这是一个令人费解的预言。于是提洛人建造了一个新的圣坛，但误解了神谕的意思，将每条边都双倍放大，结果他们惊讶地发现，新的圣坛成了一个体积是原来 8 倍大的立方体。

于是人们去向柏拉图请教。柏拉图解释道，这个神谕是来自阿波罗的警告，告诫希腊人太轻视对几何学的学习了。

当时，将一个立方体的体积翻倍，是一个包含巧妙的几何学原理的艰深难题。但阿波罗或许还有更深一层的动机，那就是希望“整个希腊民族放弃征战，减少战争带来的灾难，代之以培养灵感，通过对数学的讨论和研究，让民众躁动的热情平静下来”。[4] 这个故事，最早是由公元前 3 世纪的柏拉图学派哲学家埃拉托色尼（Eratosthenes）讲述的；后来，古希腊哲学家、士麦那[1]的赛翁（Theon of Smyrna）通过其著作《柏拉图学者》（*The Platonist*）向世人转述了这个故事。[5] 这个故事展示了古代人对这一问题一次失败的尝试。尽管如今看来，算出一个立方体的边长，并建造出一个体积是原来 2 倍大的新的立方体，并非难事。要解决这个翻倍的问题，你只需要一把直尺和一个圆规，还有来自欧几里得定理[2]的逻辑工具。

从代数上解决这个建立方体的问题，主要运用开立方。

[1] 士麦那，现称伊兹米尔，是土耳其第三大城市。

[2] 即射影定律。

要使一个立方体的体积是原来的 2 倍，边长就是原来边长的 $\sqrt[3]{2}$。然而，在公元前 4 世纪的数学里，数字只能是有理数，也就是整数或分数——整数之比。而 2 的立方根并不是有理数，尺子没办法测量出边长，也没办法测量出对角线长度。虽然公元前 4 世纪的人已经知道 $\sqrt[3]{2}$ 是无理数，但无理数并不被认为是数字，因此，人们认为，在用尺子测量时，一定有“被漏掉的数字”。由此，人们意识到，世界上居然有不能被测量的东西，从而也就需要一些关于不确定性的准则。对于自然哲学而言，这无疑是一记重击。事实上，这一神谕体现的，正是对于这些“被漏掉的数字”的关注。

如果把芝诺的箭的运动看作数列里一个代表实数的点，沿着轨迹移动到下一个点，那么如果没有下一个点的时候该如何运动呢？在几何学的实数数列里（哪怕是有理数），所谓“下一个点”的概念，都是没有意义的。比如说，有理数 1/2，换算成十进制就是 0.5，那么它的下一个有理数是什么呢？不是 0.51，0.501，也不是 0.500 1，不是任意一个 1/2 加上一长串的 0，最后以 1 结尾的数字——因为这个 0 无穷无尽，只会越来越远。所以，如果箭头移动了它目标距离的 1/2 长度，那么接下来该去何处呢？这支箭看起来并非在进行连续运动。

亚里士多德在《物理学》中质疑了芝诺的论述。[6] 其中一个论据是，关于数学和实体世界连续性之间的关系，可以通过观察获得：一个运动中的物体，必然是从某个位置移动到下一个，不可能跳过。亚里士多德是一个唯理论者，而不是一个原子论者。在他看来，空间的连续性并不意味着物体在空间中的运动可以被无限分割。这听起来似乎是矛盾的，如果运动是连续不可分割的，那么又哪来“下一个”位置之说呢。根据亚里士多德的说法，“时间不是由原子的‘现在’所组成，正如一切其他数值也不是由原子组成”。[7]

这说明，运动只能借助一个运动着的“中介”才能得以发生，比如凿石工用凿子劈开石头；陶工用手塑泥；纺织工快速来回拉动梭子，让经纱和纬纱交织。亚里士多德认为，这个“中介”一定直接接触着运动中的物体。尽管他并不了解视网膜上的视杆细胞和视锥细胞，但他用于解释许多自然现象的直接接触论，似乎适用于听力和视力。听力，是空气分子对耳膜的冲击。而视力，是光波对视网膜的刺激。人的情感，诸如害怕、生气、爱，亚里士多德则将它们归因于血液流动。他宣称，生气是因为血液中出现了某种“愤怒泡沫”，或心脏的温度太高。他认为，人的心智位于心脏，而眼睛是灵魂的窗户。世间万物，都可以视为一段时间里的相互接触和移动，整个世界就像一个齿轮传动装置一样运转着。要不是后来被 20 世纪 50 年代超人漫画中的超能力洗脑，我儿时那些布朗克斯的哲学家小伙伴，恐怕也会认同这个观点。

正如运动需要时间一样，时间同样也需要运动。时间是衡量运动的尺度，反之亦然。“时间”一词既是名词，也是动词——计时[1]。为了使称之为“时间”的东西存在，那必然也有一个什么东西，是可以用来计时的。在《物理学》中，亚里士多德写道：“因此，正如‘现在’若无区别而仍是同一个，就没有时间，若两个‘现在’的区别未被察觉到，中间的这一段时间也这样地似乎不存在。”[2]时间与运动因而是不可分割的。亚里士多德让人们尝试想象没有运动的时间，或者没有时间的运动。二者都是不可能的。“虽然时间是难以捉摸的，我们不能具体感觉到的，但是，如果在我们意识里发生了某一运动，我们就会同时立刻想到有一段时间已经和它一起过去了。”8 [3]

如果时间是连续的，那么空间也是。时间被我们称为“现在”的奇妙事物所分割，同理，空间也是如此被“现在”所分割。对于任何一个运动中的物体，人们都以其“现在”所处的空间位置来标记它。但这种推论并不排斥时间或空间存在最小单元的概念。和我那些布朗克斯的小伙伴一样，亚里士多德当然理解一段时间可以被无限分割，但他的无限概念总能让我们想象一个“远方”（beyond）——一种无限继续的可能性。在他看来，人脑有能力在脑海中随时将一条直

[1] 指英文中 time 既是名词，也是动词。——编者注

[2] 参见《物理学》，（古希腊）亚里士多德著，张竹明译，商务印书馆，2016 年 6 月，第 123—124 页。

[3] 同上，第 124 页。

线或一段时间持续分割下去。但这样的分割，指的是有理数。亚里士多德于是用这一无限的可能性，来驳斥芝诺的二分法悖论，他指出，一个物体不可能在有限的时间内占据无限的空间。二分法悖论指出，一个运动中的物体无法抵达一个指定的位置，因为无论它多么接近终点，都必须先完成一半的路程，再完成剩下的一半，如此继续。这样的一个循环没有终点，因此物体永远无法到达终点。也就是说，移动的物体到达终点之前，必须先要“计算”无限数量的数字。

这个悖论利用了一个很明显的漏洞，就是设定在一段有限的时间里，能够完成无限数量的任务。德国数学家大卫·希耳伯特（David Hilbert）著名的“无限旅馆”也是一个生动的例子：在一个数学奇幻世界里，有一家旅馆，内设无限数量的房间，依次编为 1 号房间、2 号房间、3 号房间……旅馆总是客满，但也总是能接纳多一位的客人。酒店经理会让 1 号房间的客人搬到 2 号房间，让 2 号房间的客人搬到 3 号房间，以此类推，由此就空出了 1 号房间，接待新来的客人。但令人困扰的难题在于，每个客人都需要在现实的空间和时间里完成搬房间的操作，而他们似乎不可能在有限的时间里完成。但如果 1 号房间的客人花了 1/2 小时搬房间，2 号房间的客人花了 1/4 小时，n 号房间的客人花 1/2n 小时，那么整个搬房间的时间只需要一小时以内。当然，前提是客人搬房间的速度越来越快。

由此看来，亚里士多德认为一个物体不可能在有限的时间内占据无限的空间，这一假设似乎是错的。他指出，时间和空间都可以被无限等分，因此客人也能做到在一段有限的时间里移动无限数量的房间。但对于芝诺的二分法悖论，他还有另一个驳斥的论据。根据芝诺的假设，当运动距离一分为二时，运动也就被打断了，而这个被打断的点被计算了两次：一次是作为前一部分的终点，第二次是作为下一部分的起点。

任何关于运动的连续性论述里，通常都会得出这样的结论：当一个物体运动时，运动不会脱离其现有的状态进行跳跃式变化。正在经历变化的物体，不可能一下子从某处到另一处，或从某种状态变化到另一种状态，否则，就一定有一些瞬间，物体既不在这里，也不在那里，既不是这种状态，也不是那种状态。这让人联想到芝诺哲学的另一层：任何变化一定是在时空中同时发生的，如果一样东西无法在时间中被分割，那么它也无法在空间中移动。这些论断粗暴地分裂了时间和变化，以及时间和空间的关系，仅仅将时间看作衡量运动的尺度，或者将运动看作衡量时间的尺度。换一种方式来说，即时间就是运动。我们所说的运动，并非仅仅指一个物体从某处到另一处的位移。运动也可以指质（比如颜色的变化）或量（体积上的变大或缩小）的变化。它也可以指梨子的成熟或原子的聚集。

如果我们问芝诺，为什么我们的眼睛明明看见了箭离开弓，并射向了靶子，他可能会这么回答：“这只是表象上的变化，运动就是一个幻觉。”然后他还会补充道，“既然你已经有超过 25 个世纪的时间来思考这一问题，那你一定知道，万事万物不过是能量。没有什么东西真正发生了改变。外部世界可能是由只有我们的感官才能感知到的物质组成的，从而产生颜色、气味、触觉和运动的幻觉。”我猜想，他还会坚称，时间也不过是人的幻觉。

20 世纪，相对论和量子力学相继诞生。时间和空间不再被认为独立于现实世界，它们被统一为一个四维连续体。时间膨胀效应、质量的不稳定性和狭义相对论都指出，运动是相对的。量子理论则指出，由于一些运动不是连续的，因此时间也不是连续的。电子以不同的离散能级紧紧围绕原子核运动。但人们很难在脑海中想象这种跳动，因为它违背了我们印象中时间的连续性。芝诺一定会感到很高兴，因为他的这些悖论，并不能简单地用微积分推翻。

芝诺的悖论让我们认识到，时间或许不像我们想象的那样连续。那么，时间是否存在不能被分割的最小组成单元呢？时间是否像光一样，是由量子这样的微小颗粒组成的？德国量子物理学大师沃纳·海森堡（Werner Heisenberg）指出，时间的最小单元，接近 10^{-26} 秒。还有以德国量子力学奠基人普朗克（Planck）命名的普朗克时间（5.39×10^{-44} 秒），指的是真空状态下光速运行一个普朗克长度的时间，任何小于这一时间单位的，都可以视作不存在。

随着科学技术的进步，这些关于时间的思考，同时指向了关乎人类文明的一些重大问题。芝诺提出的这些悖论，让人们陷入思考：箭的运动是离散的，阿喀琉斯永远只能到达乌龟先前到过的位置，一个人如果想要走完一段路程，要先走完其 1/2，然后是 1/2 的 1/2，如此往复，没有尽头。关于运动的悖论，其实也是关于测量时间的悖论。

基于时空是由离散的碎片组成的可能性，将量子物理和引力相结合，物理学家提出了圈量子引力论（loop quantum gravitation）。如果物质是由小于原子的颗粒组成，那么时间为什么不能由小于“瞬间”的点组成呢？时空也可能是由时空尘埃组成的——无论这种尘埃究竟是什么东西。圈量子引力论的理论，基于一个非常有意思的观点，即宇宙是由极其微小的颗粒组成的。这个理论结合了量子力学和广义相对论。根据这个理论，空间的最小单位是 10^{-99} 立方厘米，时间则以 10^{-43} 秒为最小单位进行离散运动。[9]

为什么不能量子化时间呢？就像我们把光量子化，得到了光子——光的基本粒子，我们也可以把时间量子化，得到“时间子”（chronon）。“时间子”也是粒状的，其内部原子也有离散能量等级。日常的生活经验给了我们“时空是连续的”这一感受，所以人们很难接受事实并非如此。不幸的是（又或者说幸运的是，幸与不幸全看个人的观点），就像弦理论（string theory）一样，圈量子引力论尚没有做出为广义相对论所验证的推算，因此依然是一个理论。弦理论同样描绘了一个人类实验观察无法论证的极小的离散时空——即便目前最先进的粒子加速器实验技术，已经能够观察到小于原子核的 10^{-20} 的粒子的运动。[10]

关于将时间视作离散的，目前有几种观点比较合理。一种观点是，如果时间是一个离散时空系统的一部分，那么时间本身也是离散的；如果这个系统在某一维度上存在缝隙，那么作为整体它一定也存在缝隙。但事实未必如此。第二种观点，听起来似乎更加合理：任何对时间的测量，必须依靠某种计数原理，无论是计算铯同位素中电子所释放能量级的变化，还是通过数擒纵器上齿轮一格一格的转动，或者是计算钟摆的摆动次数。即便是水钟，虽然水流看起来持续流动，但也是某种特定质量的计算，从微观层面来说，它依然是离散的。因此，我们似乎需要接受这样一种看似匪夷所思的想法：空间是一部穿越时间的闪烁着的电影。即便我们依然在用很多比喻性的说法，例如“时间的洪流”来形容时间，但事实上，时间的流逝更接近沙漏里的流沙，而不是连续流动的河水。可如果这是真理的话，人们又会不禁思考，时间之沙的缝隙里，存在着什么样的世界呢？如同电影的运作一样，一张张影像出现在放映窗口，一张在下一张出现之前就消失，由此给人连续出现的印象。所谓存在，或许就是这样一种幻觉吧。

它如一帧帧电影胶片
穿梭过此刻的光圈
看似流逝的真实
在时间向前的幻觉里
由滴答作响的顺风驱动
从宇宙大爆炸至今
垂落记忆的液滴
留下历史的投影

——约瑟夫·马祖尔

插曲 没有假释的终身监禁

对于在监狱里数着日子过活的人来说，时间又意味着什么呢？1999 年入狱时，杰森·埃尔南德斯（Jason Hernandez）只有 21 岁，他被判无期徒刑，且不允许假释。外人可能无从想象，时间突然不复存在，对埃尔南德斯来说是一种怎样的感受。1981 年，荷兰作曲家路易斯·安德里森（Louis Andriessen）写了一部名叫《时间》（*De Tijd*）的交响乐作品，用来向听众传达这种时间不复存在的感受。[1] 作品的灵感来源于圣奥古斯丁（Saint Augustine）的沉思："谁能把定人的思想，使它驻足谛观无古往无今来的永恒怎样屹立着调遣将来和过去的时间？"[2][1] 而埃尔南德斯，就生活在这种"无古往

[1] 参见《忏悔录》，（古罗马）奥古斯丁著，许丽华译，陕西师范大学出版社，2008 年 12 月。

无今来的永恒”里。

“在我成长的社区，”他告诉我，“你要么贩毒，要么吸毒。你逃学，进监狱，再出来——这好像没有什么不对。”

在埃尔南德斯被逮捕，并以贩售 11 项违禁品（尤其是可卡因）的罪名判刑后，他被送往位于得克萨斯州博蒙特的一座安保系数极高的严酷监狱，那里有约 7.62 米的高墙和带刺钩的铁丝网。

“它传递了这样的信号：不要再想什么树啊兔子啊之类的，铁丝网那头什么也没有，没有什么东西为你存在。你就像动物一样被圈养，你的行为也会变得越来越像一只动物。”

“我不知道，也不去想时间会怎么过去。我只是知道，它总会过去的。所以，我一直等着那么一天，我不知道它会以什么形式到来，但我知道它总会来……我做错了事，就应该被惩罚，但没有假释的无期徒刑，对我来说还是判得太重了。”

人类与生俱来的生存信念，给了埃尔南德斯希望。从判决开始，能够带着希望度过往后每一日，对埃尔南德斯来说，也有利于他的健康。鼓励着他的，是终有一天能够重获自由的信念——这已不仅仅是一种希望。这个信念，支持他在无期徒刑的岁月中生存下去。

“为了让时间过得快一些，我会幻想我还拥有正常人的生活，有那么点用。我通常每天早晨 4 点 30 分醒来，晚上 11 点入睡，但在监狱里，睡眠总是断断续续的。拥有规律的生物钟，在你毫无掌控权的地方想象自己有那么点掌控力，这很难。我一晚上会醒来三四次。有些狱警在经过时喜欢摇晃钥匙发出声响，仅仅是为了让你知道他们有钥匙。”

埃尔南德斯在监狱中遭受的一大打击，是得知弟弟在监狱里被谋杀了。这改变了他对未来的设想。他不仅为自己的自由而奋斗，也视自己为一名囚犯权利的支持者，以及非暴力囚犯公平审判的拥护者。他努力成为一个能够与立法机关和法院的政策制定者们针对不公正、非暴力的案件审判开展对话的角色。为此，他在监狱里学习了联邦法律，在没有律师帮助的情况下为自己写了上诉书，还给其他狱友提供法律和上诉方面的建议。

“我成了一名监狱律师，这让我感受到自己的价值和重要性。我还开了一个赌场，设有一张扑克桌、一张 21 点桌，还有体育比赛押注。我还经营一个杂货铺，用市价 1.5 倍的价格出售可乐、糖果、薯片之类。我还开了家饭店，卖墨西哥玉米脆片、披萨饼、墨西哥卷饼和玉米饼。我想着，如果让自己忙一点，时间也会过得快一点，我还能获得一定的社会地位，感觉自己还有那么点用。”

他知道，总统奥巴马[1] 已经收到 33 149 封减刑请愿书。出于对政府的信任，他也提交了一封长达 8 页的总统特赦申

[1] 贝拉克 · 侯赛因 · 奥巴马子 2008 年当选美国第 44 任总统，2017 年卸任。

请，申请表是从监狱图书馆拿的。他想，总统可能不会收到很多请求宽恕的信，为了提高特赦成功的概率，得到总统的同情分，他还附带了一封写给总统的私人信件，请求获得特赦。然而，天不遂人愿，他后来因刺伤了一名同监狱的犯人，被关了禁闭。

“禁闭区（Security Housing Unit，SHU）是一个常人难以想象的毫无人性的地方，只有一扇百叶窗，一道道微弱的光照射进来。你无法向外看。墙都是混凝土砌的，屋里只有一个淋浴、一张床，和一群老鼠。最初，我会用袜子和毛巾把老鼠洞堵住。这里全天 24 小时不能接触任何人。”几天后，随着灵魂出窍的幻觉开始出现，他开始渴望有一两只老鼠的陪伴。“当你被关禁闭，他们不会告诉你要关多久。这就是折磨你的一部分——可能是一周、一个月或两年。我有些狱友被关禁闭长达一年多。”因此，每天的禁闭时光，都是残酷的折磨，在他的脑海中燃烧起熊熊烈火。[3]

在我们短暂对话的最后，埃尔南德斯告诉我，他这 17 年的经历，对于他如今所获得的自由和机会而言，只是一个很小的代价。

2015 年，奥巴马总统将埃尔南德斯的刑期减至 20 年。

05 物质宇宙（哲学家眼中的时间）

The Material Universe (Philosophers' Time)

时间到底是什么呢？谁能言简意赅地说明它？谁对它有明确的概念，能用言语表达出来呢？但是在谈话里，有什么比时间更常见，更为我们所熟悉呢？我们谈到时间时，当然明白，听他人谈到时间时，我们也理解。那么时间到底是什么呢？没有人问我时，我倒是清楚，可一旦有人问我，而我又想说明时，就茫然不知了。[1]

——圣奥古斯丁，《忏悔录》

我怀疑几乎所有哲学家都曾在某个时刻发出过和圣奥古斯丁相同的疑问："那么，时间究竟是什么？"这个问题实在

[1] 参见《忏悔录》，（古罗马）奥古斯丁著，许丽华译，陕西师范大学出版社，2008 年 12 月。

令人困惑，得不到一个清晰确切的答案。我们甚至连时间是何时开始的都不清楚。柏拉图认为，时间是从宇宙诞生之初开始的。他虚构的人物蒂迈欧说道，时间从来都不是，也永远不会是太阳、月亮和星星告诉我们的那样。根据柏拉图的描述，蒂迈欧是一名哲学物理学家，因此，他信奉的是理性。蒂迈欧清楚地知道，当人们在讨论过去和未来时，仅仅是作为穿越永恒的一个动态影像来谈论："这种理想的性质是永恒，而要把这种性质圆满地归诸于一个生物是不可能的。因此，他改变主意，制造一个运动着的永恒的影像，于是他在整饬天宇的时候，为那留止于一的永恒造了依数运行的永恒影像，这个影像我们称之为时间。日、夜、月、年在天被造出来之前并不存在，但当他在建构天的时候把它们也给造了出来。" 1 [1]

在柏拉图看来，宇宙时钟的指针随一切运动着的物体而动，就如同一个个组件相咬合的齿轮结构，通过运转以告知人们时间。换句话说，时间就是天体的运动。时间的诞生，就是天体的诞生，是"运动着的永恒的影像"："时间和宇宙在同一瞬间生成，一起被创造，如果它们有解体的时候，它们也会一起分解。" 2 [2]

[1] 参见《柏拉图全集·蒂迈欧篇》,（古希腊）柏拉图著，王晓朝译，人民出版社，2003 年 4 月，第 292 页。
[2] 同上。

这听起来有其合理性。我们对时间的直观认识通常来自日光。我们会觉得，在宇宙中，存在看不见的力量发出时间的指令，有摸不着的时钟控制着宇宙的脉搏：地球每 24 小时自转一圈，绕太阳公转一圈则是一年，于是就有了小时和年的概念。如果不是当代物理学家告诉我们，事实并非如此，我们会一直坚信，时间就是如此这般在宇宙的掌控下精确而匀速地运动着。人类所有的时钟，包括人的脉搏，太阳、行星和月亮的运行轨道，都会和宇宙校准，与绝对时间（absolute time）保持一致。我们可以将太阳的运行轨道看作一座钟，每一圈是一个被称为“年”的时间单位，而这座钟是以绝对时间为基准的——如果存在绝对时间的话。所有一段段持续的时间，都可以通过天空中这座虚拟的巨大时钟进行测量：月亮绕地球的运转是一段时间，地球绕太阳的运转是另一段时间，钟表的走动则是第三段时间。所有这些时间段存在相对关系，但都从属于一个可能是永恒的、不曾改变的绝对时间。

所谓“绝对”，说明时间是从零开始的。那么在时间诞生之前是什么情形呢？似乎难以想象。毕竟，宇宙大爆炸也是在某个时间点发生的。如果天文学家说宇宙大爆炸发生于 137 亿年前，那么时间一定在那时就已经存在了，否则哪来的“137 亿年”之说呢？而在宇宙大爆炸之后的 40 万年里，整个宇宙几乎一无所有，除了古戈尔普勒克斯（googolplex，即 10

的古戈尔次方，也就是 1 后有 100 个 0）数量的原子在奋力形成氢，为第一颗星球的诞生做准备。那时候，还没有任何星球存在。直到 4 亿年后，第一个星系才诞生。那么，在其诞生之前，时间又在哪里，是什么呢？

如今，在第一个星系诞生 130 亿年多一点之后，我们来到了犹太历 5780 年[1]。17 世纪，爱尔兰天主教会大主教詹姆斯・厄谢尔（James Ussher）算出了一个精确的世界诞生的时间：公元前 4004 年的 10 月 22 日傍晚 6 点。你可能会觉得奇怪，这个 6 点是如何冒出来的，而且是在傍晚。但不管怎么样，人们有了一个时间开始的瞬间。当然，厄谢尔大主教的计算是根据神话做出的，他相信地球和整个宇宙都是神的伟大创造。

关于地球年龄的现代故事，则始于 17 世纪的丹麦主教、地质学家尼古拉斯・斯丹诺（Nicolas Steno），他发现了地质层中化石的存在。斯丹诺固然知道厄谢尔的论断，但他的发现引导罗伯特・胡克（Robert Hooke）认识到，化石的形成年代远远早于金字塔。

100 年后，随着工业革命的进程，穿越欧洲大陆的隧道开始挖掘。开凿隧道要比建造房屋往地下挖得深得多，需要

[1] 公历 2019 年 9 月 29 日日落至 10 月 1 日日落是犹太历 5780 年新年。

进入基岩层，在层层挖掘的过程中，基岩层中会显现出地质倾斜和腐蚀的迹象。人们对地质的认识由此发生了变化。苏格兰地质学家、自然哲学家詹姆斯·赫顿（James Hutton）指出，由于地热是自然界运动的主要动力，而地球冷却已经有一段时间，因此地球的年龄应该比之前科学家们所认为的要大。事实上，赫顿认为，地球的年龄究竟有多大，这个问题很难说。他提出了均变论（uniformitarianism），指出如今一切正在发生的地质过程和地球任何时期发生的一样。这一理论被博学的英国诗人、神学家威廉·休厄尔（William Whewell）称为“将古论今”，说的是一切过去曾发生过的地质运动，如地震、火山喷发和洪水侵蚀，在当下和将来也会发生。[3]这些运动的发生频率、烈度变化的幅度极其微小，可以说是几乎不变。这一论断驳斥了早先由英国科学家汉弗莱·达维（Humphry Davy）和法国科学家让－巴蒂斯特·拉马克（Jean-Baptiste Lamarck）提出的理论：物种是通过不断的变化实现进化的。[4]休厄尔把这两个对立的学派分别称为“均变论派”（uniformitarians）和“灾变论派”（catastrophists）。均变论不仅为认识地质形成的过程提供了指引，也为预测这些过程所花的时间提供了判断标准。[5]赫顿的好友，苏格兰数学家、地质学家约翰·普莱费尔（John Playfair）写道：“在地球历经的一切重大变动之中，其本质是保持不变的，它的变化规律是唯一不会时刻变换的东西。河流和岩石，海洋与陆地，尽管都各自发生着变化，但指引这些变化的法则，它们所遵循的规定，却是始终如一的。”[6]普莱费尔在数学方面最著名的成就，要数普莱费尔公理，相当于欧几里得的平行公设：过平面上已知直线外的一点，至多只能作一直线与该已知直线平行。而在地质学领域，普莱费尔最为人所知的著作，就是1802年出版的《关于赫顿地球论的说明》(*Illustrations of the Huttonian Theory of the Earth*)。全书共528页，没有插图，而是充斥着大量支持或反对赫顿关于地球年龄观点的实例。比如，普莱费尔在其中一个例子中做了一个假设，认为矿物质是稳定的，这一假设长久以来都为人们所认可，一直到20世纪。

和普莱费尔一起研究均变论的，还有苏格兰地质学家查尔斯·赖尔(Charles Lyell)。他们研究地球的运动，但无法找到任何证据来证实地球有诞生或终结一说。[7]他们运用的测量方法大多基于历史观念，和科学完全沾不上边。地质层非常粗糙，但埋藏了地球上次第发生的许多重大事件的证据。当时的科学家开始思考，是否能够通过对化石年代的研究来了解人类在地球上的历史。然而，赫顿从未提出过将化石作为重大地质事件的线索进行探究，可能因为他坚信，自然界是一个循环，不会有新的东西产生。正如20世纪古生物学家、进化生物学家史蒂芬·杰伊·古尔德(Stephen Jay Gould)所言：“对赫顿来说，化石不过是时间循环里的固有物质。”[8]赫顿的理论发轫于地质学早期，彼时，时间并不是人们用来记录短暂历史变化的观念上的时钟，而是美国作家约翰·麦克菲（John McPhee）称为“深时”（deep time）的东西。麦克菲在他的《盆地和山脉》（*Basin and Range*）一书中提出了这个术语，指代岩石形成过程中漫长而深不可测的地质变化。关于赫顿的均变论，即地质变化是一个极为缓慢的过程，麦克菲写道，岩土的变化需要很长一段时间，长到“迄今为止没有人能够完整观察其过程”。[9]和之前占统治地位的灾变论相比，均变论唤醒了科学家，将他们带入地球年龄研究的新纪元。

1830 年，赖尔出版了开创性著作《地质学原理》（*Principles of Geology*）。书中通过大量插画注解，对当时盛行的关于“地球如何形成”的地质学和神学观点进行了驳斥。赖尔指出，地球表面的形成，是通过一段相当漫长时间里大量的微小变化累积而成，而不是一些巨大的灾难性变化所导致，例如流星的撞击或毁灭性大洪水。查尔斯·达尔文（Charles Darwin）在“小猎犬号”上航行时阅读了这本书，获得了不少地质学上的灵感。尤其是赖尔关于地质变化持续时间极为漫长这一观念，极大地启发了他。根据这一观念，所有过去的地质事件的形成原理，同样会导致如今的地质事件。也就是说，过去的地质事件会以相同的频率和密度再次发生。尽管地球看起来可能和过去不同，包括地球上的植物、动物、海岸线、地形等，但忽略这些外观上的缓慢变化，地球内在的运作机制和以往是一样的。

在许多文化中，都有“时间”最初诞生的时刻一说。对玛雅人来说，那是公历的公元前3114年的8月13日。17世纪的人普遍认为，宇宙是无限的，因此时间也是无限的。牛顿确信宇宙无限。由于缺乏更早的历史记载（比如早于特洛伊战争或金字塔建造的记载），牛顿和同时代的许多思想家都坚信，整个宇宙，或至少地球，一定是在较近的时间内形成的。

至今，人们也不是很清楚牛顿的宗教信仰，一些传记学家认为他是一个异教徒，并不相信是神创造了人类居住的这个星球。[10] 在牛顿看来，地球的形成是一场引力造成的意外：地球刚好落在一个特殊的轨道上，于是形成了如今的365天一年。

理查德·本特利（Richard Bentley）是17世纪的一名神学学者，同时对科学极富热情。他认为，如果万有引力是真的，那么宇宙中所有星星终将聚集到一起，变成一颗超级星星：任何两颗星只要距离足够近，都会相互吸引变成一颗更大的星，这颗星也会吸引其他星不断汇聚。这个过程不断持续，直到宇宙崩塌，或者重生。但宇宙保持了如今的平衡，因此本特利认为，这是出于神的干预。

牛顿思考了这一问题。他倾向于将自己的宇宙理论和《圣经》保持一致。1693年12月10日，牛顿给本特利回信，讲述了关于有限宇宙和有限时间的观念，信中写道：

针对你的第一个问题，我的回应是，如果太阳、行星和宇宙间的一切物质均匀分散在天空中，每一个粒子都有其内在引力，作用于其他粒子和所分布的整个空间；假设它们都是有限的，那么这个空间之外的物质，也会因为引力作用向空间内的物质聚集——最终结果，就是所有物质汇聚到整个空间的中央，形成一个超级星体。但如果物质均匀分布在一个无限空间内，它们就不会都向某一团物质汇聚，而是一部分汇聚到这里，一部分汇聚到那里，就会形成无限数量的巨大星体，在整个无限空间中分散分布，相互之间间隔很大的距离。[11]

在《自然哲学之数学原理》(*Mathematical Principles of Natural Principia*)中，牛顿计算出，一个和地球相同尺寸的烙铁如果要降温到地球的平均温度，需要花 5 万年的时间。[12] 这一推测来自他对哈雷彗星表面的观察。于是，牛顿向本特利解释道，如果空间是无限的，所有的物质均匀分布，那么那些一团团的物质就会被引力往各个方向拉，而不会向某一团特别的物质聚集，无论它有多大。他当时尚未考虑到能够支持这一观点的宇宙膨胀（20 世纪的革命性发现）的可能性。那么，从过去到未来，时间是否也是无限的呢？究竟是否存在时间的起点？如果存在的话，这对生命体来说又意味着什么？如果不是神的创造，宇宙是如何从无到有的呢？但如果有神，那么他在创造宇宙之前就一定拥有时间，于是，又给我们带来一个更加难以解释的时间的悖论。

根据牛顿的逻辑，时间似乎是无限的。但如果我们回到地球年龄的问题上：厄谢尔大主教算出地球诞生在公元前4004年，这个时间与地球有关，而在牛顿那个时代，宇宙的年龄和地球的年龄没有明显区别。直到20世纪，关于地球的年龄，人们普遍认为不超过1亿年。因为根据开尔文勋爵（Lord Kelvin）的计算，一个地球一般大小的星球，如果起初是熔岩状的，要冷却到地球如今的温度，至少需要1亿年。尽管他的计算已经运用了当时地质学和热力学所能掌握的一切知识，但依然和目前已知的地球年龄——45.43亿年，相差了超过45倍。这是多大的差距啊！

对于我们所居住的星球已经如此古老，我们应该感到高兴。因为如果我们活在19世纪，以为地球只有1亿岁，那么我们可能会有更多被迫害妄想，觉得地球总还会发生点什么事，比如被行星撞击。而一想到地球已经这么老了，我们就会觉得，既然地球已经存活了如此长的时间，也没有出现太多令人难以承受的后果，那么它未来几乎一定会继续存活，只要我们善待地球，不自己把它炸了。

牛顿认为，真正的、数学的时间是从恒星到人类万事万物的驱动者。在他看来，时间是某种持续流动的、神秘的、向前运动的驱动力，像一条看不见的河流，推动世间发生的一切与宇宙间的种种运动和事件保持一致。他坚信，人们能够通过观察运动来测量数学时间；尽管时间这条神秘的河流难以捉摸，但其引发的结果却可被测量。在谈到牛顿令人困惑的“驱动者”一说时，我们依然用的是“时间”一词的单数形式，但如今的我们已经知道，时间并不是绝对的，其测量受到时间膨胀现象的影响，时间膨胀则取决于运动的相对速度。

这个世界在人们对时间的衡量中运转，宇宙间发生的一切事件和运动，都由时间统筹。一切变化也是如此，由时间所决定，尤其是在可测量的一段持续时间内发生的变化。虽然“持续”的概念总让人捉摸不透。但对牛顿来说，时间具有一个优势，即独立于观察者。根据牛顿定律，两个物体在时间 A 离开相同的位置，往不同的方向游荡，然后在时间 B 回到相同的位置，二者运动了相同的时间，也就是 B–A 个时间单位。直到 20 世纪初人们发现时间不是绝对的而是相对的之前，这一定律都被认为是正确的。在阿尔伯特·爱因斯坦（Albert Einstein）提出狭义相对论之后，牛顿关于时间的定律就失效了。爱因斯坦认为，如果物体在时间 A 离开相同的位置，向着不同的方向，去往不同的位置，最终在时间 B 回到相同的位置，它们未必都运动了 B–A 个单位时间。这并不容易理解，因为我们在语言上对时间的论述影响了我们对它的认知。

17 世纪哲学家、数学家戈特弗里德·威廉·莱布尼茨

（Gottfried Wilhelm Leibniz）认为，时间依赖于事件的发生，以及事件与事件之间的关系，和时空有着紧密联系。时间并非如牛顿所说，是绝对的。由此，人们认识到，存在两种时间，一种是主观、感知上的时间，让人们清晰意识到“现在”的存在，还有一种是客观、概念上的时间，让人们对过去、当下和未来，以及它们之间的关系有所认识。

在莱布尼茨看来，问题在于，如果说是神创造了物质宇宙，那么神就是选择了某一个时间来做这件事，并且发明了一个工具来协调宇宙中发生的一切事件。因此，在神的创造发生之前，就应该已经存在一个时间，平稳过渡到创造后的时间。“神不会凭空做什么事，”莱布尼茨写道，“既然找不到理由说明神为何不早点创造世界，那么也就是说，要么他根本什么都没有创造，要么他在任何指定的时间点之前，就创造了时间——也就是说，世界是永恒的。”13 [1] 这一古老的问题，圣奥古斯丁就曾提出过：“天主创造天地以前在干什么？”他试着给出了几种解答，例如“他正在为窥探奥秘的人准备地狱”。但随后，以一系列借口都未能真正解答这一问题后，圣奥古斯丁提出，“既然这时间是你创造的，那么在你创造时间之前，没有分秒的时间能够消逝。倘若在天地之前没有时间，为

[1] 参见《莱布尼茨自然哲学文集》，（英）戈特弗里德·莱布尼茨著，段德智编译，商务印书馆，2018 年 7 月。

什么要问在‘那时候’你做什么？没有时间，就不会有‘那时候’。”14[1]

看来，早期这些受人尊敬的哲学家普遍认为，时间如同一座停顿的钟，按下启动键后突然开始计时，而人类正活在钟的运转里。但这也将我们卷入困惑之中：无论我们称为“时间”的东西究竟是什么，它都是由一座钟加以控制的。钟走，时间才走。但时间可能会走完。

有着约 45 亿年历史的地球无疑是古老的，也许正是因为它已如此古老，所以人们会认为剩下的时间不多了。在过去 150 年里，全球的即兴政治演讲者一直在叫嚣“末日将至”。他们把时间的终结视为地球的终结。确实，有证据表明，他们的预言是有可能应验的。越来越多迹象显示环境正在恶化，人类一贯以来在地球上的生存方式即将难以为继。人类在这个星球上的时间似乎不多了，就要走向终点。2018 年 10 月，联合国政府间气候变化专门委员会（UN Intergovernmental Panel on Climate Change）报告，与气候相关的冲击和灾难将持续导致全球一成以上人口营养不良。15 战争、干旱、雨季、海啸和饥荒等问题固然长期存在，但是当前气候变化的形势给人类生存描绘了一个截然不同的未来。“这一长期观点表明，

[1] 参见《忏悔录》，（古罗马）奥古斯丁著，许丽华译，陕西师范大学出版社，2008 年 12 月。

今后几十年为最大限度地减少大规模和潜在的灾难性气候变化提供了短暂的机会之窗，这些变化持续的时间将比迄今为止人类文明的整个历史更长。”[16] 而如果没有气候变化领域的国际政策，或改变气候状况方面令人惊讶的进步技术，可能在几千年之后，人类的未来就将趋于暗淡。不仅海平面的上升将对生命造成重大影响，海洋温度和酸度的增加也将限制稻米、小麦等主流作物的种植能力。在过去 200 年中，人类一直在破坏气候的自然循环，而这种自然循环让地球几十万年来一直保持着稳定的二氧化碳水平。而目前的二氧化碳水平，整整比“地球历史上最严重的生物多样性危机”，也就是 2.52 亿年前的二叠纪大灭绝时高出了 69%！在二叠纪大灭绝中，超过 70% 的陆地脊椎动物和 96% 的海洋生物灭绝，熊熊的野火和甲烷气体继续散布在地球上超过 20 万年。由于 83% 的物种已经灭绝，地球又花了 200 万至 1000 万年的时间才得以恢复。[17] 而如今，我们正面临失去海岸线的威胁，那里肥沃的土壤正因海水的渗入而遭受盐分的污染。年复一年，我们正在逐渐失去我们赖以居住的地球。留给人类做出重大改变的时间已经不多。飓风将变得越来越强，干旱的范围将变得越来越广，并向内陆蔓延。这可能不会是时间在地球上的终结，但或许会是人类所知的时间的终结。在未来 50 年内，如果地球气温升高到人类无法居住的水平，洪水占领人们栖息数百年的居住地，饮用水变得稀缺，以及由此导致的大规模移民和全球范围内的无节制战争，15 亿人该去向何处？对于那些寿命甚至会缩短到一匹马的平均年龄的穷人来说，时间又会变成什么样？当情况变得更糟时，他们该去哪里？史蒂芬·霍金（Stephen Hawking）说，人类最好寻找另一个星球。霍金于 2018 年 3 月 14 日去世，此前九个月，他在挪威特隆赫姆举办的第四届斯坦梅斯大会（Starmus Festival Ⅳ）上发言，警告说："如果人类还想继续生存 100 万年，我们的未来，就在于勇敢去往未曾抵达的地方……开拓新疆域，可能是我们唯一能自救的方法。我坚信，人类必须离开地球。"[18] 但如果人类真的离开了地球——毫无疑问，我们迟早会离开——那么我们也将面临一个巨大的难题，那就是改变目前我们对于时间的一切认知，更别说对于重力、氧气，以及所有这一场流亡需要储备的东西了。

插曲 得克萨斯州和俄克拉何马州的囚犯

囚犯无疑有着大把时间，实实在在的时间。网飞系列剧《女子监狱》（*Orange is the New Black*）中有一集，在这所虚构的里奇菲尔德监狱，有幻听问题的女囚劳拉（Lolly）用硬纸板给自己做了一台“时光机”。狱警希利（Healy）找到她，和她一起坐在这个叫“时光机”的箱子里，温柔地告诉她，每个人都想回到过去，但这是不可能的。我访谈过的很多囚犯，都充满遗憾，希望能改写过去，回到他们犯错之前的时光，让一切有所不同。但时间只能指向未来，而非相反方向。“现在”是一个特别的瞬间，是人们踏足人生上行电梯的唯一路径，顺着电梯前行，人们的年岁渐长，往前是未来，而身后的一切便是过去。

不久之前，我在佛蒙特州斯普林菲尔德的南部州立惩教所，为一项月度跨信仰宗教活动担任嘉宾。在那里，我了解到一些囚犯对于是什么分割了过去和未来有着截然不同的想法。353 名囚犯中，有 5 人来参加了这项活动。这几个人在反省曾犯下的改变他们一生的错误时，极为投入。其中一个已经服刑 16 年，还剩 24 年刑期。我没有问他在长期的服刑岁月里对于时间有什么看法，也没有问他剩下的日子打算怎么过。但他无意间说出的一些话，着实让我感到惊讶。

“虽然这话由我说显得有点奇怪，”他主动提起，“但我人在这里真是一件好事。如果我不在这儿，我不知道我还会干出什么坏事来。”

另一个囚犯表示赞同。“我是认真的，”他说，“感谢上帝，我在这里。”

还有两人也有着相似的想法。只有第 5 个人，出于对监狱系统的反感，他坚称自己无罪。这项活动在一个杂物房般的小教堂里进行，持续了 90 分钟；与其说这是一场祈祷会，更像是一场告解。在这之前，我从未真正进入一所监狱内部，因此，根据曾经看过的电影场景，我想象自己面对面见到的会是一些长相残忍的囚犯，一半为自己的罪恶开脱，一半坚称自己无罪。而当这 5 个人踏入教堂，随着时间点滴流逝，我内心同情的种子长成了参天大树。我惊讶于自己的变化：一开始他们只是带编号的囚犯，随后变成了活生生有姓名的人。我算不上一个敏感爱哭的人，但他们口中满是悔恨，心中无数的“假如当初……”，还有希望时光倒流不再走上那条路的幻想，让我热泪盈眶。

我还和得克萨斯州及俄克拉何马州很多长期服刑的犯人交谈过，他们大多也有类似的想法。

06 古腾堡印刷术（第一次信息时代的时间）

Gutenberg's Type (Time in the First Information Age)

中世纪最有影响力的圣人，意大利多明我会修士、神学家、哲学家托马斯·阿奎那（Thomas Aquinas）相信，神创造了时间。阿奎那认为，理性和信仰都是神赋予人类的礼物，这也证明了神的存在。这一信念是教皇的官方法令，旨在压制所有与教会教义相矛盾的地方。教义指出，亚里士多德和阿拉伯人都是异教徒，神才是运动以及时间的创造者。公元391年，皇帝狄奥多西一世（Theodosius Ⅰ）颁布敕令，宣布信奉异教是“一项叛国重罪，需判处死刑”，从此信奉异教在罗马帝国成为一项犯罪。[1] 次年，在亚历山大，基塞拉皮斯神庙的图书馆被点燃了，焚烧了超过3万卷卷轴；多位学者在街头遭到杀害，其中就包括著名的历史上第一位女性数学家——希帕蒂亚（Hypatia）。[2][1]

[1] 关于西帕蒂亚死亡的说法，有多种版本。

随着罗马帝国的分崩离析，伊斯兰世界崛起。穆斯林征服了地中海南岸：从叙利亚、美索不达米亚地区到西班牙，远远超过了罗马文明的鼎盛时期，甚至扩张到了亚洲和非洲。阿拉伯人从中国和印度带回了许多发明，发展了天文学，引进了印度“零”的概念，发明了代数学，发展了冶金学，还设计出了后桅，让船航行得更快。然而，1095 年 11 月 27 日，罗马教皇乌尔班二世（Pope Urban Ⅱ）在法国克雷芒麦田上对众人的演讲改变了这一切。

“耶路撒冷是大地的中心，”他高呼，“其肥沃和丰富超过世界上的一切土地，是另一个充满欢娱快乐的天堂。救赎主的到来点亮了此地，他用生命装点这里，将热情奉献在这里，以死亡拯救这里，以葬礼封存这里。”在一番热情洋溢的演讲之后，乌尔班二世号召人群将矛头对准所有异教徒。“这个世界中心的圣城，”他继续说道，“如今已被主的敌人侵占，成了这帮不知主为何人的异教徒举办祭典的奴仆。圣城期盼自由的来临，它在不停地祈求帮助。它尤其期待来自你们的帮助，因为神曾赋予你们荣耀，远超任何其他国度。踏上这一征程吧，你将被赦免你的罪愆，并在天堂的国度享受‘永不消逝的荣光’。”[3] 十字军东征给全欧洲的教堂和修道院带来了大量战利品，这些宝藏里有丝绸、香水、香料，还有从阿拉伯图书馆里偷来的阿拉伯文书籍，主要是希腊和埃及卷轴的翻译或手抄书，其中还包括亚里士多德的 8 本关于物理学的书。当时，在欧洲大多数新成立的大学里，亚里士多德的"异教"作品是被禁止阅读的，只有神学家有资格翻阅。信仰异教是一项重罪，读亚里士多德是要被判终身监禁的。

但这一情况在 1262 年得到了改观，当时托马斯·阿奎那正居住在罗马附近的奥尔维耶托，在当地的教皇教廷担任职务。在那里，他遇到了佛兰德斯多明我会僧侣、来自穆尔贝克的威廉，后者将一些亚里士多德的著作从希腊语翻译成了拉丁文。尽管亚里士多德是一个异教徒，阿奎那还是设法对亚里士多德的学说写下了很多点评和巧妙的解释。到 14 世纪早期，亚里士多德的著作不仅被允许阅读，甚至成了一种流行。由于并不违背教义，阿奎那的评论和注解也逐渐为教会所接受。一时间，物理学完全受到亚里士多德著作《物理学》的影响，将运动描述为受到时间的限制，将速度形容为有快慢之分。

约翰内斯·古登堡（Johannes Gutenberg）发明的活字印刷术[1]，改变了学术和科学信息传播的方式，带领欧洲进入第一次信息时代。1436 年，可替换的木制和金属的字母，还有植物纤维制成的纸，通过丝绸之路从中国传入西方，使得整个欧洲 16 世纪出版的书籍数量，超过了 3500 年前第一个古巴比伦作者在泥板上写下楔形文字后所有人类作品数量的总和。

[1] 指金属活字印刷术。——编者注

当时，教育极为专制，课堂上一项重要的内容就是熟练背诵亚里士多德的作品。大学开设“七艺”课程：语法、逻辑、修辞、算数、几何、音乐和天文。这些都是必修课，至于每门课上多少课时，由各地自行分配。这种死记硬背的方法完全束缚了知识分子，没有人对经典的科学作品提出质疑，尤其是不可动摇的亚里士多德。除了学习算数和计算外，数学是完全被忽略的。“对于在博洛尼亚的学院里、在古老而自由的比萨，甚至在学术圣地帕多瓦穿梭来去的学生来说，欧几里得和阿基米德的名字就像不存在一样。”[4] 而那些通过古文献研究文学而不是宗教议题的意大利人文主义学者，则对印刷术表现出了轻蔑。“对他们来说，印刷书是他们挚爱的手稿的廉价替代品，他们并不希望阅读拓展到普罗大众，包括那些没有品味的人。品味、格调、修养、礼节、沉着，这些都属于更高尚的成就。”[5] 那些 9 世纪从希腊复制而来、15 世纪被翻译成拉丁语的阿基米德著作，如今被印刷出来，在全欧洲范围内售卖。这些著作启发了一批独立的思考者，他们开始重新思考关于运动、数学和时间的传统教义。

16 世纪晚期的科学依然植根于亚里士多德的学说。学者们普遍表现出对新学说的不信任，仍选择相信那些图书馆文档里古代圣贤写就的知识。

随后，伽利略 · 伽利雷（Galileo Galilei）登上了历史舞台。伽利略进行实验，通过在一个物体下落的时间段内，测量从水槽里滴落出的水的重量，由此得出：所有物体都以相同的加速度和速度下落。这一结论彻底推翻了当时公认的理论：更重的物体下落得更快。澳大利亚数学家罗宾·阿里安罗德（Robyn Arianrhod）指出："也曾有其他学者研究重力是否对所有物体的运动起相同的作用这一问题，但伽利略的结果最有说服力，因为他是基于实验的，有着数学上的精确性，和其他探求物理现象本质的方法不一样。"[6]

伽利略的故事颇有传奇色彩。每周日的早上，他都会习惯性走出靠近佛罗伦萨城门的家，沿着阿诺河岸边，走上圣母玛利亚教堂的鹅卵石小径，穿过菲利波·布鲁内莱斯基参与设计的壮观的城堡桥，去比萨大教堂做弥撒。这座教堂的建筑整体而言并不出彩，但它的中殿又大又气派，有一盏3层楼高、能插30支蜡烛的吊灯。每一场弥撒开始前，吊灯都会通过一根链条降下来，点上蜡烛，然后再升回去。在这几分钟里——可能是5到10分钟之间，吊灯会轻微摇晃。朝圣者很少会注意到这点，但伽利略注意到了——至少在1583年某个周日的早上。他听着一场令人昏昏欲睡的布道，思绪四处游荡，眼睛则盯着那摇晃的吊灯。这位19岁的少年对这一运动颇感好奇，于是，他开始以自己的脉搏为工具，测量吊灯摆动的时间。这揭开了一个关于如何测量时间的重要发现。伽利略发现，哪怕吊灯的摇晃逐渐变慢，每一次摆动持续的时间依然相同。但若摆动的距离变短，摇晃就会慢一些。于是他推测，吊灯左右摆动一次所需要的时间，只和摆动的距离长度相关。说句后话，这个故事极有可能是虚构的，因为教堂的吊灯是1588年才安装的——在伽利略公布这一发现的5年之后。温琴佐·维维亚尼（Vincenzo Viviani）是伽利略的学生和朋友，他在讲述这个故事时说："通过观察吊灯和其他摆动物体的运动规律，伽利略想到，可以根据这一原理制造一个工具，更精确地测量脉搏跳动的频率和变化。"[7]这个故事还在往下书写。伽利略继续使用脉搏作为测量方法，进行下落物体的相关实验。当时尚不存在足以准确测量下落物体速度和加速度的钟表，但伽利略毕竟是伽利略，他发现了其他测量时间的方法。

那是一个新旧知识混战的时代。此前一个世纪，人们见证了大量的探索发现：美洲新大陆被发现，征服者见到许许多多在旧世界未曾见过的水果、蔬菜和坚果。欧洲人对世界有了全新的认识。瓦斯科·达·伽马（Vasco da Gama）绕过好望角航行，斐迪南·麦哲伦（Ferdinand Magellan）则环游了世界。人们探索着广阔的太平洋。身处21世纪的我们，并不能完全置身于他们的想法中，毕竟从他们到我们，知识所延展的广度已彻底不可同日而语。如今，人们只要不到14小时就可以从纽约到达北京，又怎么会去思考地球另一端的石头为什么不会掉到地上呢？而百年后的人们了解到一趟从地球一端到另一端的旅程需要花费 14 个小时，可能也会嘲笑怎么这么慢。随着技术的发展，时间的步伐在不断加快。但是回到伽利略时代，那些伟大的想法都诞生于坐在昏暗大学图书馆和修道院中的学者们。他们质疑着自然的法则，质疑美洲大陆何以能够存在——它并没有被《圣经》提及，托勒密（Ptolemy）和亚里士多德的著作里也没有。尽管对违抗《圣经》心存犹疑，但他们依然挑战了当时许多已牢牢确立的经典教义，转而通过直接观察的方法来研究自然。[8]

年轻的伽利略也是如此，他拒绝接受那些不经过检验、测量和推理的论断。他鄙视专制的学院教育：学校将一切与亚里士多德学说相矛盾的理论视为对真理的亵渎。在老师们眼里，他就是一个顽固、不听话的坏学生。他偷偷地阅读了欧几里得的前 6 本著作，以极大的兴趣自学了数学。他把数学视为解开自然奥秘的最佳方式。

不久之后，伽利略成了一名数学教授。但他意识到，时间和运动的概念可能才是对所有自然现象进行科学解释的关键。他阅读了威尼斯数学家乔瓦尼·巴蒂斯塔·贝内代蒂（Giovanni Battista Benedetti）的专著《巴黎物理学》（*Parisian Physics*），书中提出了一种新的运动观点：空气并非物体运动的成因，物体本身才是。贝内代蒂的推论，事实上是对两个多世纪以前巴黎大学哲学家让·布里丹（Jean Buridan）的数学和物理学学说的延伸。通过阅读这本专著，加上来自欧几里得和亚里士多德的启发，伽利略鼓起勇气推翻亚里士多德关于时间和运动的观点，以及他的经验派研究方法，取而代之的是实验观察和数学分析。“我们应遵从的研究方法，”伽利略在其专著《论运动》（*De Motu*）中写道，“必须首先基于过去的学说；以及，如果可能的话，对于没有证据的论断，永远不要想当然认为那就是对的。我所有的数学老师，教会我这一方法。”

根据亚里士多德的观点，相同材质制成的两个物体，下落的速度和他们的体积成正比，因此，体积较大的金块要比体积小的金块下落得更快。但从伽利略的逻辑看来，这个观点荒谬至极。“这个观点的荒谬性无须多言，简直如日光一般明明白白。”伽利略写道。他指出，如果两个相同材质、相同重量的物体，在同等环境中自由落下，那么亚里士多德一定会说，两个物体绑在一起，会比其中任意一个单独落下得快。“我们还需要什么更清晰的证据，来证明亚里士多德观点的错误性吗？我倒要问问，还有谁，会否认眼前这简单而自然的事实？”伽利略的轻描淡写，让我们不禁思考，这么简单的事实，难道亚里士多德看不到吗？显然，如果一个物体的重量是另一个的1000倍，它的下落速度也不会快1000倍。通过逻辑推断和实证，伽利略彻底摧毁了亚里士多德的物理学理论。在《论运动》一书中，他断言亚里士多德的许多假设都是错的，不仅仅是关于物体下落速度的观点，还有几乎所有和物体位移相关的观点。伽利略对物体运动的探究，也从物体是“如何”运动的，扩展到是“什么”驱动了物体的运动。[9]

随着越来越多科学家、自然哲学家开始使用实验方法，而不是纯推理研究方法后，亚里士多德的运动理论遭到了全面质疑。每一个新实验，都引发了和以往学说的相悖；而每个相悖，又引发新一轮的阐述。“亚里士多德是想说明……”亚里士多德的支持者会这样说。但如闪电般纷至沓来的差异让他们措手不及，不得不用许多显然不合理的狡辩去扭曲真理。

定义时间的一个方法，是通过定义它和空间的关系。伽利略在《关于两门新科学的对话》(*Dialogues concerning Two New Sciences*)一书的第 3 天、定理 1、命题 1 中写道：“如果一个始终以常速度运动的质点通过两段距离，则所需要的时间间隔之比等于这两段距离之比。”[10][1]

在第 3 天的开篇，伽利略写道：

> 我借助于实验发现了它（运动）的某些性质，这些性质是值得知道的，并且是迄今为止还没有被观察和论证的。人们做过某些表面的观察，例如重物的自由落体

[1] 参见《关于两门新科学的对话》,（意）伽利略著，武际可译，北京大学出版社，2006 年 6 月，第 142 页。

> 运动是不断加速的，但是并没有告诉我们这种加速度发生到什么程度；因为就我所知，还没有人指出在相等的时间间隔内，一个从静止开始的落体经过的距离之间的比例等于从 1 开始的奇数。11[1]

从他的表述中可以看出，他还不知道自己的观点其实早在 300 年前就已经由来自牛津大学墨顿学院的四位年轻数学家提出过。当时，火药、枪和大炮开始在欧洲出现，取代了装甲骑兵，因此对轨迹运动和目标的科学研究热情高涨。第一枚大炮发射的年代，恰好是四位数学家发表运动的力学原理之时。令人惊讶的是，人们对于抛物线运动的原理似乎一直都没弄明白，尽管运用得非常多——几千年来，人们一直利用各种武器进行捕猎，从矛到弹弓，再到弩。但发射炮弹不同，每一发都造价高昂且致命。毁灭性的连带伤害对精确性提出了更高要求。墨顿四学者——托马斯·布拉德沃丁（Thomas Bradwardine）、威廉·海特斯伯里（William Heytesbury）、理查德·斯万斯海德（Richard Swineshead）和约翰·邓布尔顿（John Dumbleton）指出，一个物体从静止到均匀加速度落下的距离，等于这个物体在相同时间内以初

[1] 参见《关于两门新科学的对话》，伽利略著，武际可译，北京大学出版社，2006 年 6 月，第 141 页。

速度和末速度的中间值匀速运动经过的距离。而当时间增加，物体的速度也会获得相同的增量。换句话说，物体在第 2 秒的运动速度，是第 1 秒的两倍，在第 3 秒的运动速度是第一秒的 3 倍……以此类推。理性推论，依然是那个时代证明科学最通行有力的方法。学者们开始区分运动的原因和结果，并对其进行理性研究，诞生了瞬时速度、匀加速运动和抽象时间等概念，这些也为 300 年后微积分的发展提供了基础。然后，就是牛顿的天下了。

插曲 被锁在“现在”里的时间

2018 年 3 月，在这一年第 3 场东北风暴渐弱的一个下午，我在咖啡馆遇到 70 岁的克林特·巴纳姆（Clint Barnum）。克林特曾服过刑，如今是一名石匠，擅长建造漂亮的石墙。他因故意杀人罪入刑，在签完 7 到 10 年的认罪协议后，最终结束了长达 7 年的服刑期。在我访谈过的所有囚犯中，克林特是对以往经历和时间思考最多的。他没有被单独关过禁闭，他在监狱中对于时间的思考都是在当门卫时进行的。虽然身处狱中，但他感觉时间像在外面的世界过得一样快。

“有夜晚时间，我个人的时间，还有水仙花时间。”克林特机智地反问道，“你要聊的是植物，还是人？你所说的时间指的是什么？”

“时间对你来说是什么？”我问。

“在监狱里的时间，被牢牢锁在‘现在’里。你会回想过去，但你知道，你完全身处现在。在监狱里，你清楚地知道什么是什么，没有太多变化。而出去以后，变化太多了。每天都像一周那么长。车辆来来往往。你可以用手摸树。每天都和前一天不一样。”

对于克林特来说，在监狱里并不能安稳生活，一直要换房间。不过，日常的工作充实了他的每分每秒，即便是一项不断重复的枯燥工作。因此，时间对他来说是可预期的，匀速向前，不快不慢。

“在监狱里，你会遇到形形色色的人，”他告诉我，“有些人做了特别糟的事，有些人后悔，有些人有得救，有些人执着于出身背景，有些人曾被父亲和祖父强奸。还有些人支离破碎，无药可救。那些无药可救的人，你很少能听到他们的故事，因为他们往往在关禁闭。”

“是的，但我对时间很感兴趣，对于囚犯们如何看待时间，他们在狱中剩下的时间，关于未来、过去，还有他们对时间是快是慢的感受。”

“人们因各种各样的原因入狱，”他很有见地地解释道，“因此你和他们聊天时，你会得到各种各样的答案，尤其在关于时间的话题上。你和监狱里的人聊天，会得到‘一揽子’答案——监狱就是外部世界的一个缩影。而且，囚犯在监狱里和出去之后，对世界的看法会截然不同，你又怎么能得到人类对于时间的理解的共识呢？”

“在监狱里，无论你是谁，你都在用眼前看到的东西和从内心世界学到的东西填充你的世界。你对外部世界的印象，随时间变得模糊。监狱里的时间也和年龄有关。相对年轻的囚犯想法更狂野，年纪较大的则温和些。他们关于自己是谁想的更多，也具有某种荣誉感。年轻人心里没有一个能让他安定的锚点，但随着年龄增加，他们也会认识到生活是怎么一回事。心灵会随着年龄而成熟，在这过程中你会逐渐明白，人的一生，必须要获得些什么。如果你采访 6 个囚犯，你会听到 6 个截然不同的故事。人们的理解和经历相差巨大……”

“是的，我会听到 6 个不同的故事，克林特，”我打断他，“但我现在更感兴趣的，是你的故事。时间对你来说是什么呢？”

“时间？”经过一段长长的深思，他说，“我认为时间和意识相关。时间是衡量生活的尺度。我们生活在一个由岩石、植物组成的无意识的物理世界里，但这个世界，是在与有意识的生物的联系中不断变化着的。而人类，就是这种有意识的生物，他们试图搞清楚这些联系。如果你夺走了意识，那么世界就只剩下变化了。在有意识和无意识之间，存在一个深渊，分裂彼此。”

07 牛顿来了（绝对时间）

Enter Newton (Absolute Time)

在牛顿诞生前的几百年间，全世界各个村庄、城镇和城市都是通过分割日夜来测量时间的。测量的第一步，是对日、月和年做出定义。因此，过去人们只要测量出从日出到日落的时长，将其分割成 12 段，就能获得“小时”的定义，夜晚也是如此。但当时的“小时”和我们现在所说的并不一样，因为当时的“小时”在白天和晚上不一样，每一天也不一样，在不同的地方、不同的季节更不一样。根据定义，“小时”取决于太阳、地球和星星的运转。太阳在空中似乎是以恒定的速度运转的，不会跳来跳去，也不会突然加速，星星也是如此。它们给人一种相互之间有着固定联系的印象，因此作为一个整体，也在空中有规律地运转。

以简单的人类活动来标记时间，是一种行之有效的方法，如起床、睡觉、休息、工作、吃饭——当然还有祈祷。但要将白天的时间分割成 12 段，意味着你首先需要将白天的时间量化。如果它不是一个数字，又如何能除以 12 呢？要做到这一点，就要将时间和太阳或星星运行的轨迹相结合。测量白天的时间并不难，用日晷就可以。标记从日出到日落方尖碑落下的阴影的轨迹，得到一个长度，将它分成 12 个部分，每一部分代表一小时。夜晚的时间则要难计算不少，星星的运动轨迹要先在天空中定位标记，然后再分割。不过，对大多数人来说，把夜晚的时间分割成小时意义也不大，毕竟人们很少需要在漆黑的夜晚安排日程，感到困倦或无聊时，就去睡觉了。

为了发展自己的引力和力学理论，牛顿需要关于速度的功能性定义，因此需要引入绝对空间和绝对时间的概念。他固然知道，任何可观察到的物体运动都是一种相对变化，但他别无他法。他的绝对空间是“永不移动的”[1]，独立于一切物体。在他早期对《自然哲学之数学原理》(出版于 1687 年，是在伽利略出版《关于两门新科学的对谈》半个世纪之后)的评注中，他发展了自己对时间的区分，指出有一个相对时间的存在，也就是人们生活中感知到的表象时间，它和牛顿称之为绝对的、数学的时间不同，“绝对时间的流逝并不迁就

[1] 参见《自然哲学之数学原理》，(英) 牛顿著，王克迪译，北京大学出版社，2018 年 5 月，第 8 页。

任何变化”。1[1]他认为，时间、空间、处所等词语被过多用于描述它们和对人感官的影响之间的关系，他担心这些直观感受会导致错误观念的产生。

但天文学家眼里的时间是不一样的。他们简单明了地对黎明到次日黎明的时间进行测量，然后将其分割成 24 段。他们认为太阳（据他们当时以为的太阳系运行规律，太阳绕地球运转）旋转一天是 360°，因此小时的定义，就是太阳绕地球运转 15° 的时间长度。而用于测量太阳移动 15° 的最简单的工具，莫过于人手。当一个人伸直手臂，摊开掌心，弯曲除小指和中指外的其他手指，这两根手指指向的方向，大约就是太阳在空中移动 1 小时的角度。当然，这是建立在太阳绕地球做圆周运动的认知基础上的：这个运动轨迹究竟是圆，还是椭圆，倒没什么关系。地球上的观察者也无须知道是地球绕着太阳转，还是太阳绕着地球转。在夜晚也是如此，基于星星绕地球每小时移动 15° 的假设来测量时间。如果对测量精确度没有太高要求的话，在白天测量 1 小时的长度并非难事。

但牛顿的“真实时间”（true time）并非如此。牛顿认为，真正的运动应该是独立于观察者的，如果说在持续膨胀的宇宙中存在这样的东西的话。相对时间（relative time）是通过

[1] 同上，第 9 页。

太阳相对于地球的运动，或星星相对于月亮的运动测量得出的，这也是人类用钟表测量时间的原理。所有钟表对时间的测量都基于天体运动的表象。即便是最复杂的原子钟，也会根据人类观察和记录的天体运动进行校准。那么如果有这样一个系统，能够给人以独立于观察之外的时间参数，在不违背任何物理原则的情况下辨认出所有的天体运动，又会怎样呢？它会让人们发现，如今我们已知和赖以生存的时间，不过是一种想象。这也意味着光速是恒定的，且不受观察者的影响。好在 19 世纪晚期到 20 世纪早期的物理学发展，让如今的我们了解了更多有关光速的知识，也知道了时间并非独立于观察者，指出了其中的矛盾。因此我们必须承认，不存在这样一个系统。当时的牛顿并不知晓这一矛盾，他确信，存在一个独立于观察者的时间参数，名曰“真实时间”。相对时间，或者说根据天体运动测量出的时间，可以用很多方式测量得出，而真实时间——如果它存在的话，是所有时间测量的基础。[2]

牛顿关于绝对时间的定义，很容易和他关于真实时间的定义混淆。他这样下定义：“绝对的、真实的和数学的时间，其特性决定，自身均匀地流逝，与一切外在事物无关，又名延续；相对的、表象的和普通的时间，是可感知和外在的（不论是精确的或是不均匀的）对运动之延续的量度，它常被用以代替真实时间，如一小时、一天、一个月、一年。”3 [1]绝对时间是一种接近于天体时间的数学时间。天体时间根据太阳或天体的运转来测量，是物理学和天文学用来预测未来天体事件的时间。尽管称为绝对时间，但仅仅适用于对太阳系和其他相对接近的恒星的时间预估，不适用于整个宇宙和未知外太空的一切生物——如果有这样一个外太空的话。如果要适用于更广泛的范围，目前来看只能通过预估。而真正的时间，应该是一个适用于整个宇宙任何地方的时间框架。

牛顿的绝对时间独立于事物而存在，这是一种定义着我们生存的星球和相邻的星球上所发生的一切的“绝对”，与人们日常生活环境中的时间概念不同。他需要一个绝对的、数学的时间来研究移动物体的加速度。他需要将绝对运动和相对运动区分开，因此也需要区分绝对时间和相对时间。在他看来，一个物体的真实运动，无论是运动的开始或是运动状态的改变，必须由一个外部的作用力作用于物体之上。相对运动不必如此。相对运动的开始和改变，可以在无外部作用力的状态下完成。但根据现代物理学，甚至牛顿自己提出的力学定律——这着实令人感到奇怪，无作用力却要实现相对运动，背后应该有某种隐藏的力在起作用。更令人困惑的是，牛顿在自己的评注里，用数页的篇幅举了一个他认为能证明相对运动的例子。尽

[1] 同上，第 9 页。

管这个例子有些奇怪，但也能给人不少启发。它是这样的：想象一个用绳子吊着的提桶，桶里装了半桶水，随后转动提桶，让绳子不断收紧。当松开绳子时，桶会向反方向旋转。一开始，水面是平的，随着旋转加速，水平面会变得越来越凹，水的旋转也会和桶的旋转保持同步，甚至到后来提桶的转动减弱了，水却依然在转。提桶"逐渐把它的运动传递给水"。4 [1]

这个表述有一些奇怪，它误导人们认为水面从平面变成凹状，并没有外力施加在水上。牛顿指出，在旋转之前和旋转刚开始时，水和桶之间就存在相对运动，也就是说，对于水来说，桶是旋转着的。而当旋转持续发生，水开始和桶一起旋转。此时，对于水来说，桶相对静止。牛顿认为，桶的相对运动对水平面没有产生影响，但在旋转过程中，也就是当桶和水不发生相对运动时，水就形成了一个凹面；这恰好证明，相对运动可以在没有外力的情况下发生改变。通过这个例子，他总结出，旋转运动是绝对的，仅仅是因为在旋转过程中，相对于水而言，桶是静止的，"与桶同时转动，达到相对静止"。5 [2]

以当时的科学认知，牛顿对表面张力以及水分子和木桶分子之间的摩擦力一无所知，因此他假设桶是通过某种方

[1] 同上，第 11 页。

[2] 同上，第 11 页。

式将运动传递给了水。通过这种“传递”，他指出，旋转运动是绝对的，因为如果一个物体在旋转，那么另一个物体也会自然而然跟上这一旋转以保证绝对运动，就好像大自然以某种方式拒绝相对运动的存在。由此，牛顿提出，由于时间和运动相互依存，既然运动是绝对的，那么时间也一定是绝对的。

19 世纪物理学家恩斯特·马赫（Ernst Mach）驳斥了牛顿的观点——当然，他很清楚什么是表面张力。在其著作《力学》（*The Science of Mechanics*）中，马赫写道，牛顿的旋转水桶实验只是一个特例，因为桶壁很轻，所以对水原子的影响微乎其微。“这个实验是一个谎言，”他写道，“而我们的任务，就是将它和已知的事实结合起来，而不只依靠想象的主观臆断。”一个质量极轻的水桶，可能对水的影响微乎其微，不存在引力。他也评价了牛顿关于绝对时间和绝对运动的结论。他的这一睿智观点，也引发了更广泛的思考：装水的容器和水，只是浩瀚宇宙中两个小物体，因此，放眼其他在宇宙中可能也在旋转中的物体，并不清楚容器是否在旋转。他由此总结：“如果桶壁不断加厚加重，达到几英里厚时，没人能说出这实验会得出什么样的结果。”也就是说，在这一实验中，桶壁可能是一个隐藏的变量，起到和引力相同的作用。[6]

马赫假设水和桶的质量均为 m，水的初始转速为 v_1，最大转速是 v_2，当水达到 v_2 的速度时，一定是施加了一个外力（无论这个力是什么），那么，这个力的大小就是 $p=m(v_1-v_2)/t$。在计算这个力的时候，时间被纳入考量，两个速度之间也有相关性。因此，马赫指出："一切质量、速度，以及作用力，都是相对的。" [7]

我们不要忘记，马赫的《力学》出版于牛顿《自然哲学之数学原理》一书问世 200 年后。不过，在牛顿的同代人中，也不乏对其绝对时间的观点批评的声音。

我们先来回顾一下牛顿是如何通过接近连续性的离教间隔来建立数学模型的。牛顿的导数和积分是离散空间和时间之比，以"持续"相分割，如果"持续"越来越短，接近于没有，间隔就仿佛消失了。根据这一发明，持续的运动至少在数学上是能够理解的。但微积分只是巧妙地让一切看似成立，让时空的连续性变得更易理解，却依然无法打破关于连续运动的错误幻想，即只要离散运动的时间间隔极短，运动看上去就连续发生了。微积分赋予了人们一种实用的研究方法，对究竟是什么让运动变得可持续这一难题进行探究。它为人们研究持续性问题提供了程序上的方法，却依然未能帮助人们解开构成时间的微小元素是什么的难题。我们大可以让一段时间 Δt 无限趋近于零，但真正的时间能做到如此吗？数学之美，在于能让我们做到这些，但即便如此，对时间真正含义的探索，我们依然一筹莫展。

牛顿的《自然哲学之数学原理》出版两个多世纪以后，法国数学家、哲学家亨利·庞加莱（Henri Poincaré）指出，所有测量时间的方法如果既符合能量守恒定律，也符合牛顿万有引力定律，那就应该被尊重。直到 19 世纪末，牛顿定律依然被视为实证性的真理，时间也被认为只能是近似值。无论人们用什么方法测量时间，充其量不过是选择了最便利的方式而已。

> 关于时间定义的等式，应该越简单越好。换句话说，测量时间的方法，并不存在哪一种比另一种更“正确”之说，被广泛运用的只是更便利的那一种。我们也没有权力说哪座钟走得对，哪座钟走得错；我们只能说，遵循统一的指令会比较好。[8]

广义相对论区分了宇宙时间（cosmological time）和本地时间（local time）。本地时钟只能测量本地时间。宇宙时间除了观察者在近距离观察运动时所产生的相对运动之外，没有物理实体。“这是位于一个任意选择的时空坐标系统内的时间坐标。”[9]

没有绝对空间，我们能够设想的只是相对运动；可是通常阐明力学事实时，仿佛绝对空间存在一样，而把力学事实归诸绝对空间。

没有绝对时间；说两个持续时间相等是一种独自毫无意义的主张，只有通过约定才能获得意义。

我们不仅对两个持续时间是否相等没有直觉，甚至对发生在不同地点的两个事件的同时性也没有直觉。

——亨利·庞加莱，

《科学与假设》（*Science and Hypothesis*）

第三部分 物理学中的时间

PART III The Physics

08 时钟是什么？（无法被观测的时间）

What Is a Clock? (Time beyond the Observed)

我 12 岁时，我的父亲——一位扶手椅哲学家，曾向我转述一个迷思：世界上只有 3 个人能懂爱因斯坦的相对论。这一迷思经一个未经证实的流言而广为流传：据传，20 世纪早期知名英国哲学家亚瑟·爱丁顿（Arthur Eddington）曾嘲讽地问道："谁是那第 3 个人？" 12 岁的我，奉父亲的话为神圣的真理，相信他所说的一切。直到现在，我晚上睡觉也不穿袜子，因为父亲说夜晚双脚需要呼吸，而穿袜子会让它们无法呼吸。或许，这也是为什么我第一年给大学生上数学物理学课时，用的就是爱因斯坦 1905 年的论文《论动体的电动力学》（On the electrodynamics of moving bodies，德文原文为 Zur Elektrodynamik bewegter Körper）。[1] 选择这篇文章是出于对父亲的某种反抗。对于当年刚被任命为数学教授的我来说，这是一项大胆而幼稚的行为。我和一个物理学家同事共同教授这门课，带领学生研读爱因斯坦这份被翻译成英文的著名论文，想看一看，包括我自己在内，课堂的人数能不能涨到9个。但几周过去，只剩下5名学生能够吸收理解整篇论文，就像分析刘易斯·卡罗尔（Lewis Carroll）《爱丽丝镜中奇遇记》故事里的逻辑一般，可以轻易解读它。对一名上过微积分课程的大学生来说，这没什么不好理解的。这是一篇行文优美的文献，为物理学论文应当怎么写提供了绝佳的样本，信息翔实地叙述了数学的复杂性，并不仅仅是一份围绕麦克斯韦方程组（Maxwell's equations）的有失偏颇的衍生读本。

与"3人迷思"关联性更大的，可能是爱因斯坦1915年发表的关于广义相对论的论文。对于一个平均水平的本科生来说，这里面的观点可能有些难以理解和消化，虽然我不这么认为。在爱因斯坦的论文被翻译和编辑成德语之外的其他语言，收录进《相对论原理》（*The Principle of Relativity*）一书并于1923年出版之前，这个迷思或许是对的。[2]

但问题的根本，可能也是让我父亲念念不忘这一迷思的原因在于，从数学上来说，相对论的结论很清晰，但过程中需要经历一个有违常识的思考模式的转移。这一点，恐怕我那5个学生也难以一下子接受。其中的争议点，一来，在于"时空并不是绝对的"这一令人匪夷所思的结论；二来，这些年轻人从小形成的不可撼动的时空观念，将被彻底颠覆。码尺会因为速度的不同而收缩，太荒谬了吧？手表会变慢，好吧，那测量时间还有什么意义？科学存在的理由不就是为了更精确的测量吗？也许正是诸如此类的想法，催生了那个迷思。并非人们理解不了爱因斯坦的理论，而是无法接受一个和直觉完全背道而驰的观点。我的学生不得不接受一个完全存在于想象空间中的宇宙。尽管他们通过迈克耳孙—莫雷实验（Michelson-Morley experiment）得知，宇宙中并不存在以太（ether），也就是人们想象中令光和重力得以传输的隐藏介质，但他们实在很难想象没有以太的世界。以太有一个概念上的功能，就是让人们通过想象将某一介质中的运动具象化：如果运动发生在一个空无的世界里，人们该如何在脑海中展开想象呢？这就是困扰学生们的问题：从数学上而言，它是能够被理解的；但其运动的画面，着实无从想象。

还有一个问题在于，我们的意识其实是四维世界中一个三维世界的横切面。我们眼中现实的图景，就是一张张快照，随着时间的推移，以固定、一致的规则次第呈现。当生活令人倍感兴奋或无聊时，对时间的感觉有时会扭曲变形，但对于时钟及其准确性的认识提醒着我们，这种感受不过是对真实时间的错觉和扭曲罢了。

到 20 世纪初，一切关于以太的观念都被推翻，但在人们眼中，时间依然是一种连续流动的、不以任何人的意志为转移的绝对物质，是某种标记运动物体轨迹的宇宙时钟，一如牛顿的时间观。但后来这一观点被彻底改变：时间分为很多种，每一种都随着所参照的运动物体而改变。甚至很多奇怪的观点也开始为世人所接受，比如，在光速中，时间是静止的；对于光子而言，时间并不移动；还有最让人匪夷所思的，从地球的静止视角来看，如果一个人以接近光速的速度旅行，他就不会变老。

我们为什么不用理解光速（通常以 c 来表示）的方式来理解相对速度呢？设想有一个人——姑且叫他阿波罗船长好了——以光速一半的速度在宇宙飞行，那么以他为基准测量所得的光速，就是实际光速的一半，也就是 $c/2$。问题出现了：为了保持光速恒定，阿波罗船长的测量工具就得缩短，这恐怕就有违人的直觉。在飞行时，阿波罗船长的码尺需要相应缩短，同时，他的时钟也会走得更慢。我们可能会以为，他测量出的光速会是 $c/2$。但事实上，如果阿波罗船长以 $c/2$ 的速度航行时对光速进行测量，依然会得出 c 等于 186 300 英里 / 秒的结论。无论从他的角度、从我们的角度，或从任何一个人的角度来看，他是以什么速度进行宇宙航行，c 始终等于 186 300 英里 / 秒。这个神奇的结论，就是狭义相对论的核心。爱因斯坦出现后，“时间并不享有‘绝对’这一特权”的观念，和之前存在的所有西方观念都截然不同，因此人们花费了大量的时间去思考，甚至从头考虑这样一种可能性的存在。不过，在运动速度有限的情况下，时间的确是以很高的精确度在流逝着。

爱因斯坦的理论成了打开被层层包围的固有偏见之门的钥匙，在他之前的相对论科学家都未能做到这一点。其实，早在 1900 年之前，亨利·庞加莱已经提出过关于相对运动的一些原理，比赫尔曼·闵可夫斯基（Hermann Minkowski）的时空理论（在第 10 节中我将详细论述这一理论）还要早。而亨德里克·洛伦兹（Hendrik Lorentz）尽管已经算出了长度收缩的公式，但他依然确信以太的存在，也认为时间膨胀不过是一项人为的数学解释，因此错过了那把解决问题的钥匙。

时空概念对广义相对论的重要性，其实比对狭义相对论更大，但爱因斯坦在 1905 年关于狭义相对论的论文里，提出了一个关于远距离同时性的佯谬。他以钟表作为模型进行了一项思维实验：假设有两台钟，A 和 B，它们在构造和机械上完全相同，以一模一样的方式运转着。A 和 B 并排摆放，同时启动。实验开始，B 以恒定的速度 v 沿一条曲线移动 1 英里，再返回 A 旁边。以 A 为参照系来记录 B 的运动时间，大约为 t 秒。而以 B 自身为参照系记录，运动时间是 t' 秒。根据 B 的记录，t' 要小于 t。而如果速度 v 非常大，t' 会比 t 小很多。哪怕仅仅是理解这一结论，我们都能够想象，这对于一个年轻人长久以来形成的固有常识而言，将是多么大的影响。

人们观念里的时间，被牢牢锁在“绝对时间”的感觉里，无论在这里、那里或者遥远的外太空，时钟都会滴答不停，不受速度、位置、温度、风或者巫术的影响——好吧，或许和巫术有点关系。人类并不把时间看作相对的，它与物理学家将速度定义为用距离除以时间的那个时间不同。要理解这一区别，只要想一下，人们在运动、驾驶和工作时，往往会感觉时间比实际过得更快。如果上班就快迟到了，我们会在限速 65 英里 / 时的情况下，超速 10 英里 / 时，飙车 10 分钟，想着这样能追上，弥补很多时间。人们很自然会这么想：提高速度就能缩短时间。我们以为这么做能节省好几分钟，但根据物理学家对时间的定义，我们可能只省了几秒。在这个例子里，实际结果是只节省了 80 秒。由此可以看出，时间在物理学家、在真实物理世界的定义里，和在人们的观念里，有着多么巨大的差异。

而要知道时间在物理世界里究竟是什么，我们必须首先观察它的行为。毕竟，要了解某个事物究竟是什么，通常首先要看它"做了什么"。如果在地球上以极快的速度旅行，从地球上观察，时间过得很慢；但如果在地球之外、引力弱得多的地方旅行，比如大约距离地球 250 英里的国际空间站，时间就会流逝得比较快。

想象有这样一对双胞胎，其中一个经历了一场高速旅行，另一个则待在地球上。我们姑且把这一实验称为"时钟佯谬"或"双生子佯谬"，随你喜欢。2016 年，一对美国双胞胎宇航员进行了这项实验。斯科特·凯利（Scott Kelly）在国际空间站花了 342 天的时间，以 17 100 英里 / 时的速度绕地球表面飞行。他在 2016 年 3 月返回地球。根据爱因斯坦狭义相对论中的时间膨胀理论，对于斯科特来说，身处绕地轨道的他的时间，比身处地球、大他 6 分钟的双胞胎哥哥马克的时间，要走得慢一些。马克也是一名宇航员，是美国前国会议员加布里埃尔·吉福兹（Gabrielle Giffords）的丈夫。斯科特的这趟旅程，让他每天都年轻了 28 微秒——也就是说，和待在地球上的哥哥马克相比，342 天的空间站生活让他一共年轻了 8.6 毫秒。

但是等等，或许这些外太空旅行和旅行时的速度还会改变我们的细胞。美国国家航空航天局的研究显示，在外太空待了 342 天以后，斯科特·凯利的身体的确发生了一些基因突变。也就是说，身处太空可能会给人带来一些生理变化。当然，宇航员和其他所有人一样会变老，但由于身体长时间处于极端封闭、隔离、无重力和辐射的有害环境里，可能会改变基因结构，并导致其他免疫系统相关的生物变化，尤其是分子变化。每个染色体末端都有一个端粒，包含 DNA 的重复片段，DNA 由四种基本核酸碱基有序组成：胸腺嘧啶、腺嘌呤、鸟嘌呤、胞嘧啶。端粒的作用是保持染色体的完整性，防止与相邻的染色体融合。随着年龄的增长，端粒可能会缩短，[3] 而一旦缩短，它们对辐射、环境中的毒素以及有害的情绪压力的抵抗能力就会减弱。出人意料的是，在太空旅行过后，斯科特的端粒竟变长了，或许是因为他的身体产生了端粒更长的新细胞，以适应超出人类生理承受力的严酷的太空环境。如果将端粒长度作为衡量年龄的统计学指标，那么，斯科特在太空生活的时间越长就越年轻！

这一时间膨胀理论完全有悖于人们的常识。在恒定的相对运动里，双胞胎彼此应该显得都比对方年轻。但斯科特最终变得更年轻，因为他在返回地球的过程中进行了加速运动，因此，原本对称的参照坐标系被打乱。但在物理学中，这一现象远称不上一个佯谬。双胞胎互相看对方的时间膨胀了，因此似乎都比对方年轻。我们很难想象时间不是绝对的，这不仅是由于物理学家将时空定义为与速度及重力相关，更是因为“时间不绝对”这一理念与人类自然的生长衰老过程相冲突。毕竟，就算我们高速旅行，细胞也不会加快生长，细胞和身体相对静止，哪儿都没有去。

我们可以用两种方法来理解这一佯谬。一种是完全借助逻辑来思考宇宙中的时间，不受数学给感官带来的影响。想象自己坐在一个房间里，并且是静止的——或许就是你正身处的房间，然后思绪进一步延展，告诉自己，当地球绕着极轴自转时，你其实不是静止的，而是在以惊人的 1000 英里 / 时的速度运动。这个速度还要加上 18 英里 / 秒——这是地球沿着轨道绕太阳运转的速度。我们通常不会这么想，因为完全感受不到这一速度的存在，但事实上，当你读这行字时，相对于太阳，你已经移动了超过 100 英里；但相对于房间里的桌子、椅子，你根本没有移动，除了你体内的肌肉运动以及你看书时眼睛的正常转动。人们鲜少将个体作为更宏大宇宙中的一部分加以思考，但实际上，这种思考会让我们对相对运动有所感知，由此对时间产生感知。

在真空状态下，没有什么东西能移动得比光更快——当然，《星际旅行》中的“进取号”和其他虚构的、在特殊介质中移动的交通工具除外。这一事实让我们不得不接受一种有违本能的时空观，这是用经验获得的知识所无法理解的。你正在观察一颗球，它看起来是圆形的、立体的，而当另一个人从不同的移动坐标系观察相同的一颗球，它却变成了椭圆形，或者进行相对运动后，它又变成了平面的。这抛出了一个问题：我们如何定义“相同”。每一个事物的样子，都取决于观察者所采用的参考坐标系。这就是科学，是现象学，而不是人类经验。时空的相对性，包括一切与人类经验和直觉相悖的时空膨胀和坐标系变换，尽管看起来奇怪，但其实和墙上的钟所告诉我们的东西一样真切。

令人惊讶的是，时钟相对于静止状态加速度运动时，并不会对时间产生什么影响，时钟移动的速度，才是问题的关键。速度变化，时间膨胀也会相应变化，它只受到速度影响。[4] 以地球观察者的衡量尺为基准，宇航员以恒定速度驶离地球时，他的时间缩短了；而当宇航员返回时，从地球观察者的角度测量，宇航员的时间没有变化，但是发现他变年轻了。[5]

要理解爱因斯坦的双生子佯谬，首先要注意到，好心的物理学家们通过定义时间，已经将人们固有的时间观念暂时放到了一边。我们或许以为，认知里美妙的人类时间，就是物理时间——事实并非如此。数学的确向我们揭示了许多宇宙间的真理，却将现实世界做了抽象化处理。欧几里得的几何学，是放在二维平面上开展的。但它过去一直都是、现在是、未来也会是真理，因为它基于人们普遍接受的常识所假设，尤其对那些想运用其中的抽象理论来为现实世界建模的人来说。它可以应用于现实世界，但仅仅是应用而已。它并不能解释所有现实世界的微妙之处；现实有时无法以数学模型加以解释归纳，比如非欧几里得的概念“弯曲空间”（curved space）。若持续探究这些微妙之处，就会不断发现意料之外的结论。这并不意味着数学出了什么问题，而是希望启发各位以新的角度思考问题，使用新的变量；若只浮于表面的思考，便不必考虑这些。这也是为什么人们会混淆速度的定义和人类的时间观——前者，在一个合理的、相对慢的情况下，指的是距离和时间的相对关系；而后者，并不如物理学家用方程式定义得那么严格，用简单的时钟就可以测量。

作为一台时钟，必须能够计数，将时间间隔变成可计数的离散运动，例如滴答声。如果用模型演示这一过程，大致如下：设想一束光在两面平行的镜子 A 和 B（如对页图所示）之间照射。要实现时钟功能，必须有什么东西，能够用来记

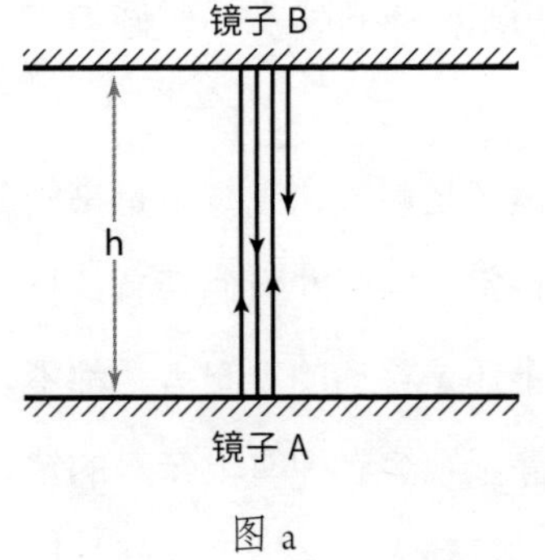

图 a

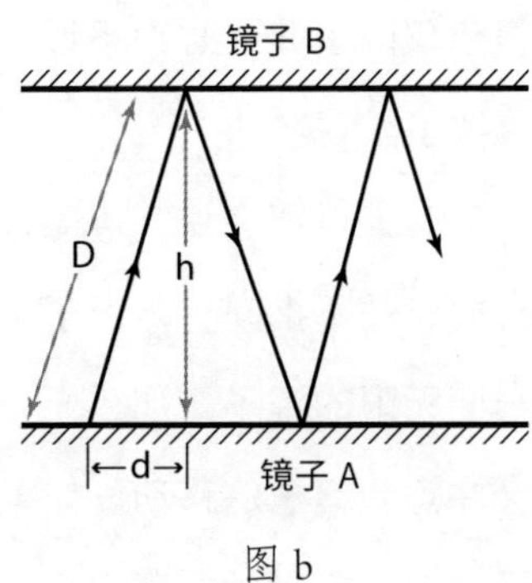

图 b

静止的时钟（图 a）和运动的时钟（图 b）

录光线往返折射的时间。一个相对于镜子静止的观察者，可能会记录光线从一面镜子射到另一面镜子的时间，但如果这台镜子时钟以某一速度向右移动，那么静止的观察者就会看到光线的折射轨迹变成锯齿状，如图 b 所展示的那样。从几何学角度分析，光线在运动的时钟里，传播的距离更远。因为光速在真空状态下是恒定的，因此其往返折射也需要花费更长时间。[6]

所以，啊哈，这或许说明了，至少从物理学的角度而言，时间只是仰赖于观察者的一种幻觉，并不存在一个独特的、被标记为 *t* 并称为时间的东西。或许，在提到"时间"一词时，我们用复数形式更好。诚然，传统赋予了人们许多关于时间的印象，让我们知道当地时间是什么。比如看着村子里的钟，我们会说，是的，它正告诉我接下来我该去哪里——

但也仅限于此。时钟不过是一个用来安排日常生活时间的工具罢了。

有人可能会说，等等，如果镜子足够长，光线只是来回折射，并不指向实际镜子上某些特定的点呢？但倘若有这样一面无限的镜子，那么无论是静止还是移动的观察者，都不会注意到镜子的移动。如果这个静止观察者拥有上帝般的精确视力，能看到所有光线，他就能看到光线在镜子之间是以锯齿状折射的。而要形容一个普通视力的人所看到的情形，大概就类似于篮球中的运球动作吧。运球的人自己看篮球垂直弹到地板上，一旁静止站立的观众看到的球的运动轨迹则是波浪形的——或许不是锯齿形的波浪，因为球速会随着离地板距离的变化而变化。球在手里加速，到达地面，球表面接触地面后又会迅速减速。球和地板都接收到了来自球的能量，而随着球速减缓到静止，这一能量也不断变弱。随后，球和地板很快恢复至本来状态，将能量反弹回球，使其加速回到运球者手中。机械钟也以相似的原理运转，其擒纵装置提供能量，如同手的每一次拍打球面，和地板的每一次反弹。

爱因斯坦的《相对论原理》主要基于一些数学模型写就，而非用纯数学方法严格论证的定律。爱因斯坦提出了相对论作为关于欧几里得几何学里标准笛卡儿系统中运动的猜想，同时假设牛顿的运动定律是适用的。在这样一个体系里描述以某个坐标点为中心的物体运动，首先要赋予运动的物体时间变量 t。当物体在一个有着 x-y-z 坐标轴的三维空间运动时，它的位置可以用一组坐标表示。物体在时间 t 的坐标，可以写成 $x(t)$、$y(t)$、$z(t)$。爱因斯坦在将时间设为参数时强调："这样的数学描述，只有在我们十分清楚地懂得'时间'在这里指的是什么之后，才有物理意义。"[7] 这一点恐怕我的本科生们压根没有想过。如果没有这种理解，那么我们用基于时间的变量等式来观察物体运动时发生的一切，不过是在处理一个和物理学甚至形而上学都毫无关联的抽象问题。不考虑问题的根本所在，就无法抓住用数学方法描述现实世界里运动的要点。因此，在考虑时间问题时，我们必须先考虑时间本身是什么，而不仅仅把它当作没有物理意义的变量，我们必须把时间放在一系列同时发生的事件里去一探究竟。

要接受运动的相对性并不难。比如有两辆车，一辆黑色，一辆白色，以 50 英里 / 时的速度并排前进。不考虑路面情况，你会看到它们均以相同的速度——50 英里 / 时在前进。两辆车的司机相互看对方，是相对静止的。而如果黑色车以 60 英里 / 时的速度前进，那么白色车司机看黑色车司机的移动速度就是 10 英里 / 时。这种感觉会在火车旅行时放大，因为引擎距离车厢远得多，慢速行进的火车是安静而平缓的。因此，如果身处一辆停着的火车，看窗外平行轨道上另一辆火车，会产生迷幻的相对感：当窗外的火车缓慢前进，我们会感觉自己乘坐的火车也慢慢移动了，尽管我们内心很清楚，它并没有动。

如果与外部世界完全隔绝，我们就不知道自己身处哪个参考坐标系。因此，无论选择哪个坐标系，对进行物理定律的推导来说，都是一样的。

但问题又来了，那便是测量时间的同时性。“现在”对每个人都是相同的吗？对于处在不同位置的两台时钟而言呢？

插曲　国际空间站里的时间

迈克尔·洛佩斯–阿莱格里亚（Michael López-Alegría）曾在国际空间站完成3次任务，并且是第14次远征队的指挥官。2006年，远征队从哈萨克斯坦出发，登陆“联盟号”飞船（Soyuz）。我采访了洛佩斯–阿莱格里亚，请他聊聊在前往国际空间站的旅途中，以及待在空间站的7个月里，他对于时间的感受。我猜想，他在到达时一定彻夜难眠，肾上腺素飙升，极度兴奋。

“我们花了48小时坐航天飞机到达空间站，然后又花了6小时抵达‘联盟号’飞船。在航天飞机上，我倒没怎么思考有关时间的问题，但确实，在‘联盟号’飞船上，我想了一些。坐航天飞机时有太多事情要做，没空想别的。一路上要处理很多荷载和导航方面的细节。而‘联盟号’飞船就是一架相对“简朴”的载人飞船，里面没什么东西，也没什么事可做，身处其中感觉时间过得很慢。当然我很兴奋，内心被进入宇宙的激动所占据，肾上腺素飙升得很快。因此，即便在‘联盟号’飞船上感觉有些无聊，也不会经常思考时间问题。”

洛佩斯–阿莱格里亚身处空间站的时间，是从 2006 年 9 月 18 日至 2007 年 4 月 21 日，远离地球共计 215 天，这是相当长的一段时间了。按绕地球旋转一次 90 分钟计算，在 215 天里，空间站共经历了 6880 次日夜交替。[1] 在见到洛佩斯–阿莱格里亚之前，我先入为主地认为，在空间站，即使已经形成了某种规律性的生活，一个人的昼夜节律、褪黑素的生成，还有体内生物钟，也一定会受到极大干扰。但洛佩斯–阿莱格里亚纠正了我的想法。他告诉我，在空间站里，宇航员过的一直是格林尼治标准时间。灯在“白天”会打开，在“黑夜”会关闭。如果透过舷窗向外看，能看到每 45 分钟穿越地球的黄昏和破晓，但这对于生活在空间站里的人没有什么影响。无论空间站飞在哪里，他们都根据格林尼治标准时间来安排日夜作息。对洛佩斯–阿莱格里亚来说，昼夜节律并没有受到干扰，褪黑素的生成也没有紊乱，体内的生物钟运作如常。

整个团队对进食和睡觉的时间都有规定。由于白天要完成各项任务，因此到了睡觉时间，宇航员通常能轻易入睡。不过洛佩斯–阿莱格里亚在保持睡眠上遇到了一点问题：他每次睡着 2 小时后就会醒。这可能和褪黑素有关，但更可能是睡在睡袋里的缘故。人们睡觉时往往会自然转动身体，但如果被裹起来，就没那么容易了，因此，要动一下却不能时，人就醒了。洛佩斯－阿莱格里亚醒来后，会有一段时间保持清醒，然后再睡着，2 小时后又醒了。所以，他有时会吃一点药帮助入眠。

同步的时钟（校准时间）

Simultaneous Clocks
(Calibrated Time)

1898 年，也就是爱因斯坦发表广义相对论之前 17 年，亨利·庞加莱写下论文《时间的测量》(“La mesure du temps”)，探究了同时性（simultaneity）的问题，并指出，无论它是什么，都必须被定义，且相对于个人的视角。[1] 这篇论文批判了过去“时间是人的主观产物”的哲学理论，同时已经接近爱因斯坦几年后提出的相对论，认为同时性存在于两个空间之间的时间传输。

我们不清楚爱因斯坦有没有读过这篇论文，但很明显，他读过庞加莱其他一些著作。“在伯尔尼的夜晚，”爱因斯坦在给好友米歇尔·贝索（Michele Besso）的信中写道，“我读了不少哲学读物，也进行了一些讨论……比如休谟（Hume）的，还有庞加莱的、马赫的，这对我的发展产生了一些影响。”[2]

美国物理学家、物理史学家彼得·盖里森（Peter Galison）在《爱因斯坦的时钟与庞加莱的地图：时间的帝国》（*Einstein's Clocks, Poincaré's Maps: Empires of Time*）一书中问道：究竟是什么，让爱因斯坦和庞加莱在 20 世纪的转折点，为了利用电磁波校准时钟，竞相开始思考同时性的问题？盖里森抛出了这样一个令人深思的段落，一定程度上解答了这一问题：

> 有时，科学技术领域的变化，并不能孤立地放在科学、技术或哲学的范畴里加以理解。比如，在 1860 年之后的半个世纪里，对时间的理解，并非发生在缓慢、平稳进步中的技术领域，而是在更纯粹的科学和哲学领域。同时性的概念，也是先诞生于纯理论的思想领域，随后才应用到机器和工厂的运作中。[3]

在 1905 年的论文里，爱因斯坦将时间视为一个变量，用字母 *t* 来表示，但没有明确定义它是什么。“如果我们要描述一个质点的运动，”爱因斯坦在《论动体的电动力学》中写道，就要以时间的函数给出质点的坐标值，“我们应当考虑到，时间在我们的观念中起了一定的作用，而我们的观念总是具有同步性。”[4] 这当然不是一个定义，真正的定义仍隐于深处。但关于时间坐标和三个空间坐标间的紧密联系，它提供了一些接近定义的提示。而真空中恒定的光速 *c*，是答案之锁的锁孔，连接着空间单位和时间单位。时间的变化一定会对空间产生影响，反之亦然。为了进一步说明，爱因斯坦举了一个例子。他假设自己身处火车站，手表上的指针显示现在是7点，而一辆火车也将在7点到达车站。因此，火车的到达和手表的指针指向7点，就是同时的事件。他以手表指针的读数来替代“时间”，仅仅是在这枚表所在的地点来定义时间，而不是在其他遥远的地方。

或许，爱因斯坦认为这一例子避开了定义时间的难题。但他自己也清楚，要实现远距离的同时性，问题在于需要观察者的参与。要在虚空中观察和记录时间，听起来实在让人摸不着头脑。好在如果把作为观察点的两个车站都视为静止的，也就是说身处其中的观察者和被观察的事物都没有运动，事情就好办多了。观察者在 A 点，根据位于 A 点的钟的指针指向，记录下的时间是 t_A，而在远处的 B 点放置一台完全一样的钟，位于 B 点的观察者记录下发生在 B 点的事件，时间是 t_B。然后将 t_A 和 t_B 做对比。

那么，有没有方法得出 A 点和 B 点的公共时间呢？为了定义这样一个公共时间，必须找到方法测量光从 A 点传播到 B 点所用的时间，而这一时间应该等于光从 B 点传播回 A 点所用的时间。假设光从 A 点出发的时间是 t_A，到达 B 点的时间是 t_B，然后反射回去，返回 A 点的时间是 t'_A。由此，我们得出关于同步性的定义——或至少两台钟同步的概念，即当

$t_B - t_A = t'_A - t_B$ 时，两台钟是同步的。事实上，这个迂回的时钟同步的定义，已经是目前已知的物理学上关于时间的最佳定义。但这个定义的前提是，在 A 点和 B 点测量的时间，是不言自明的。“这样，”爱因斯坦写道，“我们借助于某些物理经验，当我们说在不同车站有不同的钟，且它们是同步的，从而我们也就获得了‘同时’和‘时间’的定义。”[5]但是，爱因斯坦所谓“物理经验”指的又是什么呢？他所指的，应该不是康德所说的人类对时间的本能体验，也就是一种被人类先天感官认知所唤醒的先验知识，人类所有生活经验概念化之后形成的直觉。我觉得，他用“物理经验”一词，可能指的只是钟表指针的运作，还有光的快速传播。

由此，我们得出了时间的定义，或至少是在物理学中的定义：在一个静止体系里，一个事件的“时间”，就是在这个事件的发生地点，一台静止的钟同该事件同时的一种指示，并且这台钟又是同某一台特定的静止的钟同步的。为了进一步说明问题，爱因斯坦假定真空中光速恒定，并用 $c = 2d/(t'_A - t_A)$ 来代表光速，d 则是 A 点到 B 点之间的距离。

假设有一根静止的杆，量得其长度为 l。杆两端是 A 和 B 两点，分别放置时间相同的两台钟。在 A 点和 B 点各设一名观察者，也就是杆两头都有一个。接下来，用同样的方式想象另一个类似的系统，但相对于静止坐标系，这次要让杆以恒定的速度 v 沿着 x 轴数值增加的方向移动。和之前一样，

光束从 A 点出发的时间是 t_A，到达 B 点的时间是 t_B，反射回 A 点的时间是 t'_A，假定对所有观察者而言，光速 c 在真空中不变，那么对观察移动的杆的观察者而言，可以得出 $t_B - t_A = l/(c - v)$ 以及 $t'_A - t_B = l/(c + v)$。[6] 这样一来，两台移动的钟就不同步了，因为 $t_B - t_A \neq t'_A - t_B$。但对于和杆以及钟一起移动的观察者来说，他们眼中两台钟仍然是同步的（因为对于他们而言，$v=0$）。由此可见，不存在绝对同时性的概念，因此，也就不存在绝对时间的概念。我们之前也说过，这一概念是违背人类直觉的。

爱因斯坦定义的时间是数学意义上的时间，而非人们成长过程中所熟悉的、随地球转动而发生的一件件同步的人生事件。人们通过看天空中的太阳来感受生活，对生活有期望，有关心，有回忆。从某种意义上来说，同步性就是时间。我们所知的钟表，就是对我们所经历的每一天，对次第发生的事件的回忆的测量——尽管事件发生的先后在记忆里混淆，这样的事时有发生。爱因斯坦认为，通过这样把时钟放在一个静止坐标系中，他已经阐明了时间的定义。[7] 虽然时间本身没有被明确定义，但至少发生某一事件的时间被定义了：发生某一事件的“时间”，就是该事件和相同地点一台静止时钟的事件的“同时性”，而这台钟又同某一台特定的静止的钟同步。静止时钟的事件，就是指针所指示的时间。指针指向的数字单独看来是不相关的，但提供了标明事件发生先后顺序的数字标记。而用时钟及所有同步时钟指示的时间，我们用字母 t 表示。

那么，爱因斯坦的时间观和牛顿的时间观又有何不同呢？对牛顿来说，时空都是绝对的，宇宙间的运动不以观察者的运动为转移。根据牛顿的理论，观察者看一束从移动着的光源射出来的光，其传播速度要比从静止光源射出来的光更快。因此，牛顿的时间有两面性：一面是绝对的、宇宙的、不受任何外部参照物影响的数学时间，以相同的间隔规律流动；还有一面是人类感官普遍接受的时间，是一种相对时间，可以通过观察运动对时间进行精确或不精确的测量，比如地球的运转给了人们小时、天、月和年。

我的 5 个学生如今已掌握了基本的物理学知识，因此对于这一难题有所准备。但他们依然充满困惑：这些抽象的数学概念，究竟如何用来解释宇宙的物理定律，其中最让他们头疼的，就是麦克斯韦方程组。他们已经学习了建模，知道物理学家和应用数学家如何运用方程式来解释实体世界，用简单的数学公式表达杂的物理现象。他们想知道，比如在麦克斯韦方程组和其他电子理论中，抽象的等式究竟如何与物理世界的电磁过程相联系。这些抽象化过程令人难以置信，超出了他们的理解范畴。他们对世界根深蒂固的认识还停留在欧几里得式的自然里：世界如同一台巨大的机器，由互相连接的齿轮、滑轮和杠杆推动，驱动力则是某些超自然的力量。但物理学将现实世界用数学元素不断建构与重构，将真理抽象化，以此反映对我们身处的现实世界的深刻洞察。其实有时候，高中水平的数学模型足矣。

和牛顿一样，爱因斯坦并没有真正定义时间是什么，而仅仅揭示了时钟如何测量我们称为“时间”的难以定义的东西。在速度和引力的影响下，时间会变慢吗？还是说变慢的仅仅是时钟？这个问题值得思考。听起来似乎是时钟定义了时间，它是一个规律、匀速且持续运转的计数器，运转的方式则取决于速度、位置和观察者。那么，这样的时钟是否能为人们解读过去、现在和未来呢？不能！爱因斯坦说：“像我们这样信奉物理学的人都知道，过去、现在和未来之间的区别，只是一种根深蒂固的幻觉。”[8]

一种幻觉？爱因斯坦在说什么？他所指的，应该不是时间是幻觉，而是人们认为存在过去、现在和未来是一种幻觉。在他看来，过去、现在和未来都是同时发生的，不可能在不同的时间发生。根据“同时性的相对性”，一个事件可能同时发生在一个人的未来和另一个人的过去。有没有可能一个人“现在”阅读这本书时，地球另一端另一个人经历着相同的“现在”？不可能，因为这个“现在”转瞬即逝，刚发生就已变成过去。或许现在和过去就是记忆闪烁而成的幻觉，未来则由人的恐惧和希望催生。“现在”由一个个难以描述的微小瞬间组成，是人生时间轴上的一个个点，它也许只是人们注意力和意识形成的一张张快照，作用是提醒我们自己正活着。或许未来由人的生存本能所决定，但现在才是照亮我们的意识的东西，让我们能够看到自己曾去过哪儿，以及未来要去向何方。那是人们脑海中最隐秘而复杂的部分，融合了思考、启发、感官触动，当人们醒着并开始漫无边际地思考时，这些部分就开始运转了。

让我进一步解释，为什么爱因斯坦在给好友米歇尔·贝索的信中写道，过去和未来之间的区别，不过是人类的幻觉。不妨想一下，在银河系遥远的红矮星 UDF 2457 上，“现在”意味着什么？如果我们拿地球上的“现在”类比，那么“现在”发生在 UDF 2457 上的事情，放在地球上是发生在 59 000 年以前。很惊讶吧？两地的同时性让我们陷入困惑。当然，你可以先不考虑这么遥远的地方，我们就以从东京打电话到纽约举例。你或许会认为，自己在和一个有着相同“现在”的他或她打电话。但事实并非如此。我们讨论的不是两地的时差问题。一个多世纪以来，人们已经很清楚速度和引力会影响时间这一结论，因此我们知道，你和你要通话的那位东京伙伴，你们两个的时间确实存在些许微弱差别，可能是 1 秒里极小的一部分。但不管怎么说，东京和纽约在时间上还是紧密相连的，毕竟都还在地球上。但 UDF 2457 和地球就八竿子打不着了，它的运转也比我们的星球快得多。因此，它的“现在”和我们的“现在”大相径庭。“现在”是个人化的瞬间，将你与坐在你身边的人区分开来。它是人脑海中一团团混乱、狂野而不切实际的哲思，却也是真实的。

那么我们究竟从相对论中了解了关于时间的什么呢？首先，光速必须对于所有观察者而言都是恒定的，以及所有有质量物体的运动都不可能比真空中的光快。[9] 不过，相对论并没有把其他运动得更快的"东西"排除在外，比如，能量的产生和传输，就不受速度的限制。将一个电子和一个正电子放在量子物理学家称为单重态（singlet state）的状态下，即两个粒子都由量子生成，但都只带一个电荷。二者的净角动量为零。这两个"东西"往不同方向运动，很快就能相隔百万英里。而当我们测量电子的旋转时——无论电子位于何处，这一测量行为马上会影响星球另一端的正电子（电极相反的电子）的旋转。你可能要问了，电子是如何将信息快速传输给遥远的正电子的呢？因为它的速度比光速快得多，或至少看上去是这样。在爱因斯坦看来，二者之间似乎存在某种主动同步的运作机制，使其成为一个整体，这一理论如今被称为"量子纠缠"（quantum entanglement）。他带着质疑写道："物理学应在时空中呈现真实，不受远距离怪异行为的影响。"[10] 不过，这个过程中确实存在一些信息——至少是量子信息的交换，但没有能量的传输。这就是我们脑海中挥之不去的"怪异"。我们在思考信息的本质时，同样无法得到任何确切的答案，即便你掌握了物理学和推理法，也无法抓住信息究竟是什么。一番理性推论后，你一定会问，两个相距甚远的要素之间究竟以什么相互联系，得以产生比光速还快的信号传输？如果这个能实现，那么我们也有必要重新思考同步性的意义，以及时间的意义了。但我们不是量子粒子！

所以，问题依然存在。我们依然不知道时间是什么，但不管它是什么，至少我们知道了许多测量时间流逝的方法。物理学家在公式里用 t 代表时间，并提出许多关于时间相对性的古怪理论，其实都只是在让人们挑选测量时间的工具，而用这个工具测出来的时间，就是 t。无论 t 是什么，在数学上都和运动相关，以揭示物体运动背后的原理。我们并不关心如何测量公式里的 t，无论是用国王的脉搏，还是用一台节拍器。不管 t 是什么，物理学都会指向相同的结论。

插曲 另一种国际空间站里的时间

在我采访供职于欧洲航天局（European Space Agency）、来自意大利的宇航员萨曼莎·克里斯托弗雷蒂（Samantha Cristoforetti）时，我得到了和洛佩斯–阿莱格里亚截然不同的答案。2014 年，从哈萨克斯坦南部的拜科努尔发射中心出发，她同样通过“联盟号”飞船进入国际空间站，并在那里待了 6 个半月。

“我体内的时钟很精确，”她告诉我，“发射时间是凌晨 2 点，进入空间站是在 6 个多小时后。肾上腺素在飙升，我时而因为害怕而醒来，时而刻意保持清醒。我不断调整自己适应无重力状态。当“联盟号”飞船绕着地球运转，试图追上国际空间站时，我需要时刻警觉地盯着计算机。”

“那你在国际空间站如何调整自己呢？”

“我睡眠质量很好，在国际空间站的睡眠安排也让我很舒服。开始几晚，我体内的时钟好像失灵了，但最终，我成功地在规定的入睡时间睡着了。在国际空间站生活 1 个月后再往回看，我感觉自己仿佛在空间站里度过了更长时间，而地球生活已经离我远去。”

我问她，被限制在一个狭小空间内，是否会影响她对时间流逝的感受，她却强调并不限制。在她看来，在地球上，你只能在二维平面上移动，沿着地面走；但在空间站里，你能移动的范围是三维的，不会被禁锢在二维空间，反而感觉空间更大。说实话，作为一名数学家，我从没想到过运动的这第三个维度，原来多出来的这一维度，还能开启“舒适”新体验。与长途卡车司机有着五花八门的故事不同，我采访过的在宇宙中待过一段时间的宇航员的故事大同小异。

10 拥抱统一性（时空问题）

Braced Unification (Space-Time)

1907 年，赫尔曼·闵可夫斯基创立了四维时空理论。在 1908 年 9 月 21 日举办的一次自然科学家大会上，他提出："孤立的空间和孤立的时间注定要消失成为影子，只有两者的统一才能保持独立的存在。"1 [1] 这种统一性，他视为对经典时空观里固定的时间与空间的解放，并以四维空间的几何公式表达了二者的联系。在物理学里，时间与空间不再是相互独立的元素，而是不可分割的整体。这一结合，将为后续研究引力在四维时空的作用起到至关重要的作用。

"我们感觉中的对象，"他继而论述道，"总是牵涉联合着的地点和时间。从来没有人脱离时间而观察地点，或者脱离

[1]（德）H. 闵可夫斯基：《空间和时间》。参见《相对论原理》，赵志田，刘一贯译，科学出版社，1980 年，第 61 页。

地点而观察时间。尽管如此，我还是尊重空间和时间都具有独立意义这个信条。”2[1] 闵可夫斯基把在某一时刻的一个空间点用 x、y、z、t 四个坐标描绘，称之为一个“世界点”，在每一个“世界点”，都有能被观察到的事件发生，宇宙中一切发生的事件，都能用这个抽象概念来描绘。随后他又引入了“世界线”的概念：以 dt 代表时间延续（非常短的一段时间），扩展到空间三维的坐标，就是 dx、dy、dz，由此便能得到空间点（x、y、z）在四维世界的一条曲线。“整个宇宙可以看做是分解为无数相似的世界线的，”他写道，“而我乐于预先说，在我看来，若将物理定律表示成这些世界线之间的互易关系，才会是它们的最完美的表达式。”3[2] dx、dy、dz 和 dt 不是相互独立的，它们之间的关联可以用亨德里克·洛伦兹的长度收缩公式表示。而且，由于物理学中公认的真空状态下任何物体运动的速度 v 都不会大于光速 c，因此这些变量之间的关系严格遵循不等式 $c^2dt^2-dx^2-dy^2-dz^2>0$。4 闵可夫斯基用这一公式将时空相统一，以不同的坐标表示。尽管三个空间维度的坐标可以视为相互独立，但时间维度的坐标和它们都有所关联。

闵可夫斯基的时空理论基于“真空状态下光速恒定”的

[1] 同上，第 62 页。

[2] 同上，第 62 页。

事实。这恐怕也是让人们对时间的定义费解的地方。通常而言，在一个几何坐标系里，所有的坐标单位都相同，但在闵可夫斯基的四维时空并非如此：前三个坐标是距离单位，第四个则是时间单位。当然，我们可以将时间单位转化为距离单位：基于真空状态下光速恒定，那么就可以把任意时间单位转化为光年、光分或光秒。一光年，就是光传播一年所经过的距离。比如，你在一家餐厅预订了晚上 7 点的饭局，而现在是 5 点 15 分，那么你可以说，预订时间离现在还有 0.000 004 026 24 光秒。这种表达放在预订餐厅的语境下，或许显得有些可笑，但用来衡量天体间的距离，就很方便了，因为光 1 秒就能移动 186 300 英里。

但这个理论的一个瑕疵在于，它认为时空间隔（spacetime interval）是绝对的，独立于观察者；尽管它承认时间和空间本身是相对的。也就是说，当两个观察者相互靠近或远离时，会对于时间、对于事件什么时候将发生或已发生，得出不同的结论。

由此看来，实体宇宙在四个维度上完全都是空间性的。来自圣约翰学院的古典学家伊娃·布兰（Eva Brann）指出："世界将是绝对的，是'提前被写就的'，观察者有意识地度过一个又一个时刻，从变化中感受自身存在。"[5] 也就是说，每个人类观察者都会穿过其个人世界的一条时间线。在闵可夫斯基的世界里，一切都被几何化了。"几何"（geometry）

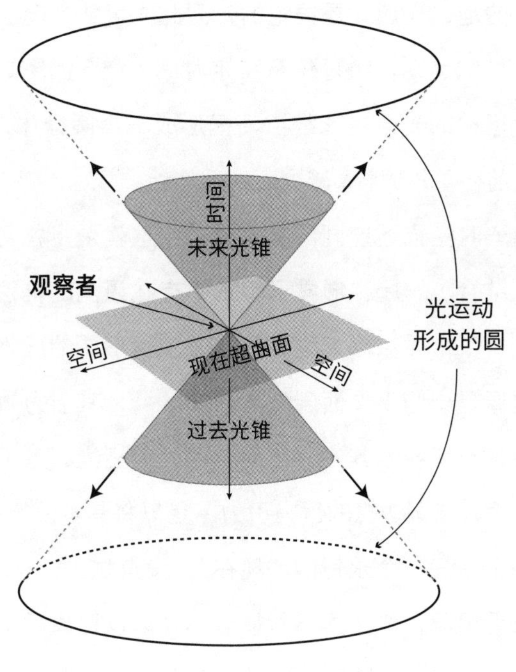

时空光锥图

一词本就源于地球，随后拓展至人类想象中的全宇宙。任意观察者都能在这个坐标体系里找到代表此时此地的点。时空的几何化向我们呈现了一个以现在为中心的圆锥体，一面通往未来，另一面连接过去。

想象力还能带我们走得很远。不过，要把闵可夫斯基四维时空视觉化，得先把四维降至三维：想象一个光形成的二维平面在三维空间里运动，第三维是时间坐标 t。因为光没有特定目的地，光速又是恒定的，因此光可能会向三维空间里的所有方向运动。经过任意特定时间 t，光会形成一个圆。[6]因此，运动的光会在三维空间里形成一个圆锥体，随着 t 增加而向前移动，随着 t 减少而向后移动。

这一时空描述连同广义相对论（也就是将狭义相对论和引力相结合）一起，形成了宇宙中存在黑洞的推论。与其说黑洞是一个个质量巨大的星体在时空里形成的凹陷坑，不如说它更像是一些平滑而剧烈弯曲的区域，其引力效应如此之大，会将一切吸入其中：任何东西，包括光，甚至时间，都难逃其手。黑洞边缘的巨大引力，足以将其可及的万物吸入。而黑洞中，是一个永恒的“现在”，没有过去，也没有未来。一旦靠近黑洞，你必须不断加速运动，以逃离越来越强的引力牵引。而就在我撰写本书时，人类在 M87 星系中央（距离地球 5500 万光年）拍到了一组黑洞照片。[7]我们有那么多射电望远镜在寻找黑洞，谁知道以后还会发现些什么呢？

插曲　一场奇妙的课堂对话

双生子佯谬——或许根本称不上是一个佯谬，在大学物理课上通常会成为讲解相对论的开场白，用来吸引新生的注意力。我在讲这个故事时，用了第 8 节提到的例子，即现实中存在的斯科特和马克两兄弟：斯科特在外太空漫游了一段时间，回到地球发现自己的双胞胎兄弟变得比自己老了一点。聊着聊着，我和学生的对话就从讨论双胞胎的年龄，转向了一名宇航员在银河系航行时该想些什么。我的学生让我把他当作一个肩负外太空探索任务的宇航员，正以 1/2 光速航行，用了 50 年到达现在的位置。

“那意味着什么？”他问道。

“什么意味着什么？”

“50 年。我的手表显示 50 年。如果我望向地球，数地球围绕太阳转的圈数，那就一定是 50。地球不会因为我的快速移动而变慢，要么它还是以某种速度绕太阳旋转，要么不。如果地球上的时间变了，我该怎么办呢？”

我沉思了一会儿。这倒是个好问题，让我有机会好好给学生解释，物理学家所谓的时间仰赖于观察者，是什么意思。

“是的，”我回答，“和身处地球的人相比，地球绕太阳运转的速度相对你而言要慢一些。从你的角度，地球绕太阳运转的圈数会比地球上已过去的年份数量要少！”

“看起来似乎如此，但实际上并没有。因为地球上的人看待事情的方式和你不一样。这就是相对论告诉我们的。”

“那是什么让我以不同方式看待事情的呢？”

“你正在以非常快的速度航行，不是吗？”

“是的，93 141 英里 / 秒！”（看来这小子做足功课了）

这个学生的问题，有很多方法能解答。于是，我在黑板上写下板书进行说明：将地球上的人的时间间隔写为 $\Delta t'$，他的时间则是 Δt，二者之间的关系是 $\Delta t' = \Delta t / \sqrt{1-(v^2/c^2)}$。而据他想象中自己的运动速度，可以得出 $\Delta t' = 2\Delta t/\sqrt{3}$，也就是说，从地球上的人的角度来看，$\Delta t' > \Delta t$。但这恐怕还不能完全说明问题。

“你试着一整天观察地球绕太阳的运转，”我说，“然后标记地球在运行轨道上的位置。”

“我怎么知道一整天是多长呢？”他反驳道，“我在外太空，没有天的概念，我也不知道一小时是多长。”

我提醒他，他似乎忘了这一点：所有宇航员在离开地球前，都会得到一枚根据格林尼治标准时间精确校准的手表，以铯 –133 原子的振动频率为基准。但当他以 1/2 光速的速度航行时，这一振动频率相对在地球会慢些。他可以先观察地球绕太阳运转一圈，然后在手表走过一年后，再进行观察。他可能会以为，此时地球刚好完成绕太阳一圈的运转，但其实对于地球上静止的人来说，已经过去超过一年的时间。

“为什么会这样呢？”他问。

“因为当你看到地球时，它已经不在你所看到的那个位置了。光需要花很长一段时间才能到达你那里，以你航行的速度，光很难追得上。所以，你所看到的事件，事实上已发生很久。而你看到的处在轨道某一位置的地球，其实也早就不在那里了。”

“你所说的‘其实’（really），指的是什么？”

“就是‘的确’（exactly）！”

11 另一部《午夜巴黎》（时间旅行）

Another *Midnight in Paris* (Traveling through Time)

啊，阁楼真是一个黑暗而友好之地，充斥着“时间”，如果你笔直地站在阁楼中央，眯起眼睛，想啊想，嗅一嗅来自“过去”的气息，并伸出双手感受久远的过往，为何，它……

——雷·布雷德伯里（Ray Bradbury），
《沙士之味》（*A Scent of Sarsaparilla*）

在伍迪·艾伦（Woody Allen）的电影《午夜巴黎》（*Midnight in Paris*）中，主人公吉尔（Gil）坐上时间机器——一辆黄色标致牌轿车，从现代巴黎穿梭回20世纪20年代的巴黎，遇见了那个黄金年代的一众传奇文人。在20年代的巴黎，吉尔还邂逅了巴勃罗·毕加索（Pablo Picasso）众多情人中的一位（电影中虚构的），她名叫阿德里安娜（Andrianna）。后来，两人共乘一辆马车，回到19世纪晚期的“美好年代”[1]（La Belle Époque）。

吉尔对阿德里安娜说：

> 如果你留在这里，这里就变成你的当下，而迟早有一天，你会开始想象另一个时代才是真正的黄金时代……当下对你有影响力，是因为这是你的当下。既然在最重要的事情上，时代并没有任何进步，因此你要欣赏任何一点点进步——比如互联网，或者次水杨酸铋分散片的发明。当下总显得有些不尽如人意，因为生活本身就不是尽如人意的——这也是为什么高更（Gauguin）不断往返于巴黎和塔希提之间，寻找生活的缘由。[1]

在文学作品和电影中，人们轻易穿梭于时间中，时间机器要么是一辆标致 Type 176（《午夜巴黎》），要么是“企业号”飞船（《星际迷航》中的飞船名称）。在斯蒂芬·金（Stephen King）的小说《11/22/63》里，时间机器是小餐馆门上的一个洞，在科幻电影《回到未来》（*Back to the Future*）中，是一辆德劳瑞恩汽车，在电视剧《神秘博士》（*Dr. Who*）

---

[1]1871—1914 年，从法兰西第三共和国建立到“一战”爆发前，整个欧洲处于一个相对和平、经济环境良好的时期。

里，是一个电话亭；在赫伯特·乔治·威尔斯（H. G. Wells）的小说《时间机器》（*Time Machine*）里，则是……嗯，我们好像无法准确描述那是什么。虚构作品中的时间旅行看起来轻而易举，仿佛走进电梯，然后按下按钮，就行了。门在这里关上，然后"啪"一下，就在那里打开了。但时间旅行和空间旅行截然不同。从某处空间到另一处空间，二者之间的距离是对称和固定的，但时间没有这种独立于运动的固定距离，因此其往返也不是对称的。

对于雷·布雷德伯里的短篇小说《沙士之味》的主人公威廉·芬奇（William Finch）来说，回到过去的时间旅行的单程票，就是自家的阁楼。"嗯，"芬奇自言自语道，"如果时间旅行能实现，岂不是很有意思？而说到它能够发生的地方，还有哪里比我家的阁楼更合适、更符合逻辑呢？"[2]

究竟人们能回到过去吗？毕竟，在三维空间的每一个维度里，我们都可以穿梭来去，那么为什么不能在第四维——时间里穿梭呢？这样一趟旅行听起来或许不着边际，但是不是有可能发生？从数学物理学角度来说，这是可能的，我们可以通过物理学家所说的封闭类时曲线（closed timelike curve, CTC），也就是时空中封闭的世界线（world line）来展开时空旅行。沿着世界线，你依然能回到你原本所在的空间位置，但可以来到一个较早的时间点。是的！有一些关于时间旅行的想法让我觉得很有意思。时间旅行在数学上是可能的，但仅仅在数学上。想想看，回到一个你还没出生的年代，是多么奇幻的一件事，比如，回到1938年水晶之夜（Kristallnacht）之前，然后杀了希特勒。我并不想回去重读一次高中，但如果既能刺杀希特勒，又能回到我结婚、2个孩子和5个孙子出生时美妙的时光呢？你猜猜我会怎么做？我一定会回去——但凡我拥有狮子般的勇气。

据我所知，研究时间旅行的物理学家，并没有哪位真的在制造时间机器或火箭，带人类去虫洞。即便是《回到未来》中的德劳瑞恩DMC-12，也已经停产了。这些物理学家对时间旅行的研究，只是为了接近真理，而不是为了投资，更不是为了预言未来。这些研究势必会牵扯出一系列观点，不断衍生开来，帮助人们理解时空的本质，认识宇宙目前和过去的运行方式，以及它是如何诞生的，又将如何结束——如果宇宙真有终结之日的话。

如果我们像物理学家一样，将时间视为第四维，由于在物理学的公式中，时间是可逆的，因此，祖父悖论（grandfather paradox）的猜想是成立的。也就是说，理论上来看，一个人可以回到过去，杀死自己的祖父，从而改变自己出生的可能性。但这些公式只是物理学家构建出来用以解释现实世界的模型，并不能颠覆生活本来的模样。理论上，用数学方法逆转时间是可行的，但理论并不能真的通过操纵过去而改变未来。

我认识的很多物理学家，都对时间旅行持强烈的质疑态度，因为它将结果置于起因之前。他们的谨慎态度，源于知道广义相对论中的时空曲率（space-time curvature）等式是局部性的，也就是说，时空曲率的一切性质只适用于空间中任意一点周围的一小块区域。其中一个性质，就是“因果律”，即万物必先有因，后有果；史蒂芬·霍金（Stephen Hawking）提出的“时序保护猜想”（chronology protection conjecture）也支持了这一点。霍金指出：“欧几里得虫洞并不引发任何非局部的结果，因此无法通过它们进行时间或空间旅行。”[3]

逆转时间是物理性的——或更准确来说，是数学性的，因为经验告诉我们，时间单向“移动”（如果我们可以用“移动”来形容时间）。我们常用的“时间之矢”比喻，形象地说明了时间只会向前进，从不后退。由此看来，物理学定义里的时间，和人们经验里的时间，完全是两码事。任何符合物理学规律、包含时间变量的等式，无论时间向前或向后，都是等效的。时间变量的前进或后退，如同两根手指在触摸板上左右滑动那么简单。我们可以回到过去，但不能改变任何人的命运；这趟时间旅行，除了可能会让我们年轻一点，其余发生的一切，于现实仍将如常。梦境能带我们穿梭回过往，但醒来后时间依然在前进，入睡时刻也已成为过去。醒来后，我们被困当下，做任何事都无力摆脱，除非记忆已将我们置身于这样的幻觉中：我们能够或向前，或向后，自由穿梭于时间这一单一维度，而不受空间的约束。

物理学还提出另一种逆转时间的可能性：将未来和过去调换。这将我们的逻辑彻底翻了个儿，带我们领略了只有在白王后（刘易斯·卡罗尔《爱丽丝镜中奇遇记》中的人物）的世界里才会发生的事：白王后只记得未来的事，而非过去的。她并非在时间旅行，只是她的时间和一般人不同，是倒着流动的。“那你回忆得最清楚的是哪类事情呢？”爱丽丝问白王后。“哦，”王后回答道，“是下下个星期发生过的事。”她边回答，边把一大块膏药贴在手指上。不多久，她尖叫着挥手。“你扎破手指了吗？”爱丽丝问。“现在还没有扎破，”王后说，“不过很快就要扎破——哎哟！”4 [1] 这个对话有力地展示了白王后的世界对时间先后逻辑的挑战，启发人们思考这种情况带来的后果。荒诞之余，人们开始理性深思，继而又思索起自己在“时间之矢”中的经历。奇遇，总能带来奇妙的意义。

对于大多数像我们这样活在三维世界里的人来说，第四维世界很难想象。但其实，空间中的第三维度——向上，在用全球定位系统（GPS）坐标在全国导航时，也起不到什么

---

[1] 参见《爱丽丝镜中奇遇记》，（英）刘易斯·卡罗尔著，冷杉译，人民文学出版社，2017 年 1 月。

作用。为什么不干脆取消“向上”坐标呢？这样的话，就能得到一个更易在脑海中绘制的简化版三维时空了。每一段持续时间（比如假设一年的长度，随你喜欢），地球的世界线就是三维世界的一条曲线，其坐标是 x、y 和 t，其中，x 和 y 是地球在黄道上移动的坐标，t 是运动起止的时间差。这条曲线大约如下图所示。要记得，在时空关系中，严格遵循 c^2dt^2 –

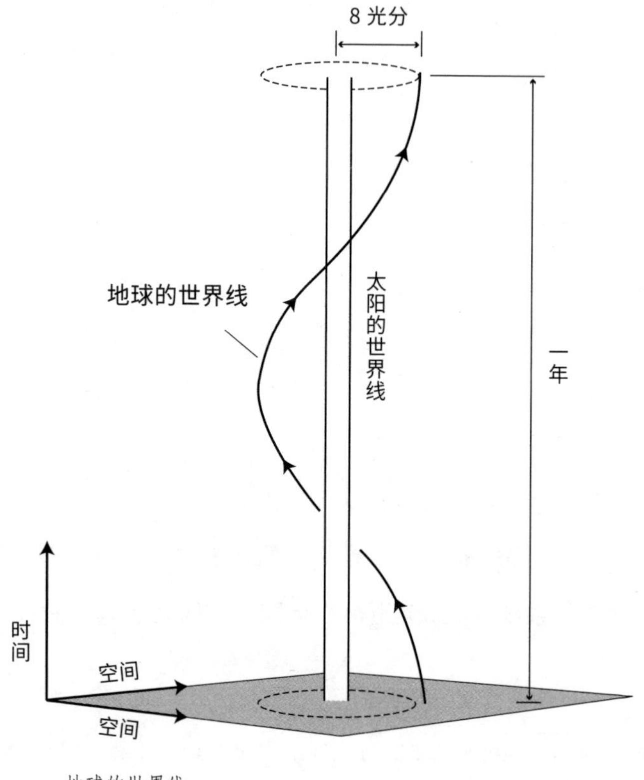

地球的世界线

$dx^2 - dy^2 > 0$。由此，你可以绘制一个平均半径 8.3 光分（约合 9296 万英里，也就是从地球到太阳的距离）的椭圆柱体。地球的世界线，就沿着这个想象的圆柱体螺旋环绕。如果把太阳当作一切的参照物，太阳的世界线就是一条直线。不过太阳也有自己的世界线，在宇宙中相对其他星体移动。因此，我们绘制的地球盘旋环绕的圆柱体，可能会有一些扭动或弯曲，而未必是直的。即便是直的，在宇宙中也有其自身含义。

因此，假设我们正在观察地球沿轨道绕太阳运转——在任意一点，都能看到一个被平面切割的圆柱体。将地球和太阳视为平面上的两个点，就能够想象，地球绕太阳运转的轨道，在平面上形成了一个椭圆形。人们看不到自己的世界线，沿着这些线运动时，也看不到自己的历史。这些线听起来更像是一种比喻，而非现实存在，但的的确确，我们从胚胎开始到死亡的那一刻——可能还需要很久，一直都在沿着自己的世界线运动。我们很少会考虑自己在三维空间的坐标体系里这样移动的情形，对这一坐标系的认识，也是因为近几十年来数学家和物理学家将时空几何化，陆续提出了许多关于时空元素和特性的设想。过去，人们不会想象自己生活在由 3 个独立坐标组成的世界里。所以说，现在数学和物理学所呈现的，是一个人们从未在脑海中想象过的、崭新的世界。如今的 GPS 导航系统，其实带人们回到了更简单的在二维世界的移动：打开地图应用，询问从 A 地到 B 地的路线，不必考虑 A 地和 B 地在海拔上的高低。[5] 然后，应用程序会画一条从 A 地到 B 地的曲线，告诉你两地之间的距离，以及从 A 地到 B 地要花多长时间。它只会根据你要走的路程测量距离，坡度已经被程序算法囊括在内，这一坡度会由地图应用的道路调查员根据最近一次的调查情况进行上报。

如果你认可我们如今生活在一个 GPS 坐标体系里，那么可以试着将一个人的世界线视觉化：它是三维世界里的一条曲线，可以用 3 个独立而互相垂直的变量 x、y 和 t 表示。这个视觉化的图只是真正四维曲线里的一道投影，但用来感受一下世界线的存在足够了。这道投影穿越时间，同时也在空间中变换。当然，生活远没有那么简单。一个人的生活体验，可不是像地球绕太阳的时间线盘旋这样一张图就能简单描绘的。仅仅是一个人生命中的一小段时间，其世界线就如麻花般交织：选择食物、邂逅真爱、假日出游、商务旅行、拜访外婆、读书、呼吸，还有大大小小无数生命体验。你可以把这些看作一组组的世界线相互缠绕，形成了某人一生的世界曲线——20 世纪俄裔美国宇宙学家、科普作家乔治·伽莫夫（George Gamow）称之为“世界带”（world band）。这也是伽莫夫的时空观：“宇宙的拓扑形态跟历史融合为了一幅和谐的画面，而我们现在所要考虑的只是代表原子、动物或是恒星

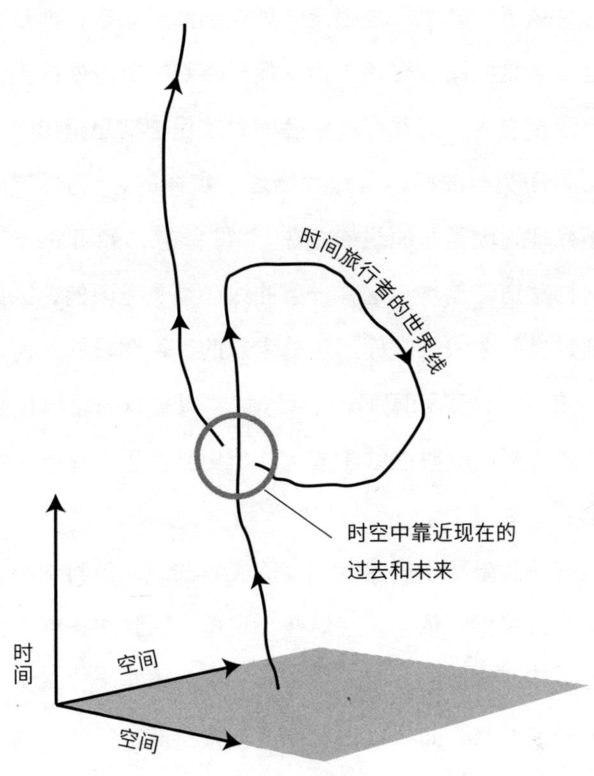

环形世界线

的一束相互交缠的世界线罢了。”6 [1]

上图简易地展示了一个幸运的时间旅行者的世界线，有一条封闭类时曲线形成环形，让现在和过去相遇了。看似

[1] 参见《从一到无穷大》，（美）乔治·伽莫夫著，刘小君、岳夏译，文化发展出版社，2019 年 3 月。

时间上跳跃了，其实只是相遇。现在仍然是现在，而过去仍然是过去。这张图画得还不错，但一条封闭类时曲线真的会这样自我相交吗？史蒂芬·霍金的时序保护猜想指出，一条有限的封闭类时曲线，是违背物理学定律的。“物理学的定律并不允许封闭类时曲线的存在。”霍金在1992年的一篇论文中这样写道。显然，这样一条曲线必须是无限的，因此杜绝了通过类时曲线相交而产生的常态的、可测量的任何形式的时间旅行。他不无嘲讽地总结道：“似乎有一个时序保护机制，防止封闭类时曲线生成，从历史学家手上保护了宇宙的安全。”[7]

这些在有限环形内自我相交的类时曲线，为科幻小说中的时间旅行提供了依据。在这些小说里，回到过去或去往未来，都跟撑杆跳似的，叫人摸不着头脑。事实上，真正现实世界里的宇航员，如果以极快速度在太空航行一年，回到地球时确实会比一直待在地球上要年轻一些，但也不会比开始航行前年轻。宇航员并没有经历一场时间旅行。某种意义上来说，宇航员到达了未来，但这只是由于宇航员所处的太空和地球这两地不同时钟衡量标准的差别。如果宇航员在银河系以接近光速的速度漫步1秒钟，并在下一秒返回地球，按照地球时间已经过去了10年。但宇航员并没有穿越时间去往未来。宇航员的时间只是相对于地球时间被压缩了，而没有跳过。

在现实世界里，一切经验都和时间以及空间相关联。人们有时会区分对于时间和空间的感知，或许是因为我们经常在不同的体验里感受其存在。但是，我们不能将时空视作独立的实体，如同独立于词语看字母，或独立于节拍看音符。每个人都在以不同速度开展自己的时间旅行。一个人容貌老去的速度，和另一个人相比，也是要么更快，要么更慢。

我们困惑于宇航员的时间 t_a 和身处地球的人的时间 t_e 之间的不同。t_e 是根据天体运动校准的通用时间，并且和地球上所有静止的本地时间同步。当地球时间 t_e 的刻度向前进，宇航员的时间刻度同时向前，但速度更慢，不等式 $t_a< t_e$ 始终成立。

等回到地球，宇航员发现朋友们都老了许多，可能会因此以为自己在时间上往前跳了，其实不然。事实上，是宇航员的时间被缩短了，所以看起来才好像跳跃了。这种错觉恐怕要归咎于科幻小说：在小说里，总有人通过一个神奇的洞，就瞬间从现在穿梭到遥远未来的某个时刻。科幻小说往往预设过去、现在和未来同时存在，而在某一处，我们所处世界的过去，就是另一个世界的现在。在《午夜巴黎》中，吉尔穿梭回黄金年代和美好年代，背后蕴含着多重含义，这就是好的科幻小说所能带给我们的思考。也许，这个世界上的确存在许多同时世界和平行宇宙，只是与我们的时间运作方式不一致。如果我们的宇航员能够以某种方式去那里，那才是实现了时间旅行；否则的话，宇航员的太空旅行不过是在时间的度量上和地球时间不同而已。

孪生探测器“旅行者 1 号”和“旅行者 2 号”的航天探索计划始于 1977 年，当时美国国家航空航天局的录音技术还停留在录音带，到 2012 年“旅行者 1 号”进入星际空间，这些录音带还在源源不断地将信号传输回地球。旅行者号目前的航行速度是 9.6 英里 / 秒，还将持续向无尽的外太空旅行上万年（地球时间），或直到被一些未知的、与我们有着不同时间的智慧生物发现。

即便同处地球，每个人的时钟也不尽相同。从某种意义上来说，我们都生活在不同时间的世界里。第 8 节介绍过双生子佯谬，举了一对双胞胎的例子，其中一人以 17100 英里 / 时的速度绕地球航行——其实速度无关紧要。试着用这个方法来思考时间的世界。比如，有两个人，姑且叫艾米和比尔吧，两个人都戴着精准的、完全相同的手表。经过校准，两块手表完全同步，且每隔一小时会“叮”一声报时。艾米骑在中央公园的旋转木马上，比尔则站在旋转木马旁某处，看着艾米。比尔会先听到他的手表报时，而后艾米才听到自己的。因为艾米的时间被拉长了，尽管极其微小，只有万亿分之一秒，但一台足够精确的时钟能够读出区别。在那一小时里，艾米和比尔身处两个不同的时间的世界。事实上，根据爱因斯坦的广义相对论，所有活着的生物都处于不同的时间的世界里。

这也告诉我们，比尔一生的时间，和他在这些时间里的运动有关：他在床上睡觉，在沙发上用笔记本电脑办公，夏天在海滩上读报纸，花很长时间在饭店用餐，而白天不怎么出门。艾米则每天遛 3 次狗，在清晨慢跑，通勤一小时上班，每个月从纽约飞一次旧金山出差。对比而言，艾米的衰老程度比比尔慢，但即便一生持续稳定的生活方式，年龄的变化比率也很难被测量。

用旋转木马来测试相对时间，可能有些太慢了。1971 年，物理学家约瑟夫·哈夫勒（Joseph Hafele）和理查德·基廷（Richard Keating）也通过一项实验测试了这一理论：他们带着两台铯原子钟，坐上了环球飞行的两架飞机，一架往东飞，一架往西飞，然后将钟上的时间和位于华盛顿的美国海军实验室里的时钟进行对比。结果发现，两台钟和实验室里的钟相比，有 59 纳秒（1 纳秒 $=10^{-9}$ 秒）的差别，证明移动中的钟的确走得比静止的慢。1959 年，庞德－雷布卡实验（Pound-Rebka experiment）测试了爱因斯坦广义相对论中所预测的引力对时间的作用，结果证明，在同一引力场中，处于不同位置的时钟会以不同的速度运转，随着引力增强，时钟会变慢。因此，位于高海拔地区的时钟走得比水平面上的时钟快。这一实验，可以视为对哈夫勒－基廷实验的补充。

这些实验，毫无疑问颠覆了牛顿的绝对时间理论。每个人移动的速度都不同；山上的钟比海上的走得更快；而宇宙中的钟，不考虑其巨大质量，也比地球上的钟走得快。帝国大厦 102 层楼上的时间比大堂的时间短，也比 101 层的时间短。当然，我们在讨论的，仅仅是小于 1 纳秒，甚至小于 1 皮秒（10^{-3} 纳秒）的差别。不过，如果你身处中国古代天文学家于 1054 年发现的中子星——天关客星（编号 SN 1054）上的话，你的生命会被极大地拉长：由于天关客星质量极大，它巨大的引力使得上面的时间比地球上慢了 30%。

如果我想活得更久一点——比如多活 100 年，这样我就能知道子孙们获得了怎样的人生成就，或许还能参加曾曾曾曾孙的毕业典礼，那么我要做的，就是去太空，以接近光速的速度（准确来说，是光速的 99.999 2%，即 186 281 英里 / 秒）随便到哪里漫步。一旦熬过了加速度时让人恶心的疼痛，到达舒适的恒定速度，就不会感受到自身的移动了。而在穿越一些矮星最终回到地球后，时间已过去百年。那时，我可能会惊讶于眼前的一系列景象：自动驾驶汽车在不像路的路上悬浮前进，老人装着假肢慢跑，路灯边有供熬夜党快速休息 5 分钟的脑电波罩，还有出售直接给脑部基底核注射的咖啡因的自动贩卖机……未来的手机，或许只有一根神经芯片，一头连接着耳蜗神经，一头连接着舌头和下巴。我想呼叫飘浮的交通工具去某地，只要轻轻说一句“出租车”就可以。

社交媒体的信息流也会比现在更可怕：如果你缺乏足够的警觉意识可能就会被淹没在一个 24 小时充斥着垃圾信息的嘈杂世界里，由争得你死我活的媒体公司所操纵的、混合了商业和政治偏见的消息，会直接循环推送到你眼前。想象一下，未来，大脑会在有需要时被接入各种应用程序，创造短时记忆。比如，街上可能出现这样一则全息广告：一个三维的医生形象的演员，建议人们注射减肥针，而这种针在街角的医疗售货亭就能立刻买到。你无须知道现在是几点，因为体内的神经芯片存储了你所有的日程，会在适当的时间提醒你接下来要做的事，还会预留准备时间。

人们生活在时间单向移动的直觉中：它似乎总在前进，从不停止，也从不反转。但时间的循环和时间的反转，意义又有所不同。在虚构作品中，时间以各种方向移动，或前进，或后退，甚至不断循环，可以通过扭曲过去来改变未来。1993 年上映的喜剧电影《土拨鼠之日》（*Groundhog Day*）中，比尔·默瑞（Bill Murray）所饰演的菲尔·康纳斯（Phil Connors），就通过不断循环重复同一天，来纠正自己犯下的错误。而 1946 年的电影《故伎重演》（*Repeat Performance*）讲述的则是琼·莱斯利（Joan Leslie）饰演的希拉·佩奇（Sheila Page）的故事：在 1947 年的新年之夜，她开枪杀死了自己的丈夫。突然，时间回到了 1946 年的新年之夜，给了希拉重新过一整年的机会，来改变前一年的轨迹。在电影和小说中，时间总能反转或改变方向，但在现实生活中，即便有可能实现，也没那么容易。

时间逆转的问题时常被人拿出来讨论，而已知的许多答案，往往用熵（宇宙趋于混乱无序的倾向）和热力学第二定律加以解释，而不是引力。这一定律不仅断言能量的转换势必损失一些热量，同时指出，热量的流动是单向的，并且如许多人所认为的那样，是向着宇宙秩序的方向。典型的例子，是冰块在一间温暖的房间内会融化，因为房间的热量会传递给冰块。热量的流动总是从高温到低温。但是，当人们说热量“流动”时，究竟是在说什么呢？热量，其实就是一种能量。那能量又该如何流动？高于绝对零度的物质颗粒都具有一定热量，这与分子振动有关。热量高的分子比热量低的分子振动更快，但温度也并非影响分子振动频率的唯一因素，有些分子本身振动得就要快一些。所有物质都在与周围物质寻求一种能量平衡——可惜的是，这一点很少发生在好战的人类的政治活动中。一旦相邻的物质间能量不平衡，如热量就会流动以消除这种不平衡，说明这是宇宙间固有的一种能量流动的规则。蛋头先生[1]（Humpty-Dumpty）摔了下来，然

[1] 西方经典童谣《鹅妈妈童谣》里的角色，矮矮胖胖，形状像鸡蛋，摔碎了就无法修好。

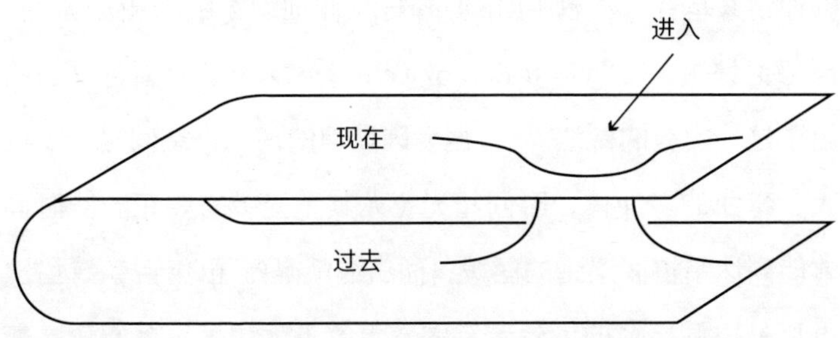

星际旅行的虫洞

后他就完蛋了，修复不了。在一个封闭的热力学系统里，熵指的就是系统的混乱程度。这个定义听起来有些模糊，因为它本身就是模糊的。或许，在形容一个系统的分子构造时，可以通过用数字表示而给出明确的定义，但这种包含数字的详细定义，可能反而会让时间流向的问题变得更令人摸不着头脑。我们只需要知道，在任何一个开放的、和其他系统相邻的系统内，熵总是增加的，如同温暖房间里的冰块。

放慢时间？这是有可能的。任何质子都能做到。将一枚质子放入粒子加速器，速度调节到光速的 99.999 9%，然后运转一年。如果质子有大脑，一年后它会认为时间并没有流逝。但逆转时间？这不可能发生，即使是质量只有人体 10^{-25} 的质子，也做不到。有些方法或许理论上可行，但实际上还是差一点。考虑到那一点点微弱的可能性，我们来看一个理论上可行的逆转时间的方法。1988 年，加州理工学院的天体物理学家基普·索恩（Kip Thorne）和他的2名研究生在《物理评论快报》（*Physical Review Letters*）发表了一篇论文，给出了这一实验的做法。[8] 根据爱因斯坦的理论，空间是一个巨大、弯曲的多面体，时间和光（尤其是光）需要花一些时间才能到达宇宙间遥远的区域；而虫洞就是捷径，连接着远处。上页是虫洞捷径的大致示意图。事实上，这是一台能让高能量基本粒子，比如光子和伽马射线等穿越虫洞回到过去的光子热力学时间机器。但和光子相比，人类的质量太大了，因此在从"现在"和从"过去"穿出来的过程中会遇到点问题，无法从一堆混合的分子重组成动物。人类能够利用虫洞进行穿梭银河系的往返旅行吗？索恩认为是可以的——从理论上来说。

但这并不意味着质量相对大的人类可以抄近道，从过去一下子回来。我们依然无法回到过去改变历史。要实现时间旅行，人体需要极其快速地移动，和时间玩一场蛙跳游戏，把时间甩在身后。

时间机器有可能造出来吗？关键在于所谓"机器"是什么。机器一词，原指利用能量来完成某一任务的发明，倒未必一定用实体材料建造。因此，一台时间机器，也可能指某些让时间前进或后退的精巧的方案。在赫伯特·乔治·威尔斯的小说《时间机器》里，时间旅行者用象牙打造了一把椅子，装有水晶制成的杠杆和仪表盘，作为改变时间的象征：

或加速，或减速，或后退。根据他的描述，初次进行时间旅行是一次极为难受的体验：

> 当我在加速前进时，昼夜更迭恍如黑色的羽翼在拍打。实验室在我的视线中越来越模糊，似乎即将离我远去。我看见太阳从天空飞快掠过，每分钟掠过一次，而每分钟就标志着新的一天。我认为实验室已经被摧毁，于是来到屋外。我似乎隐约见到了脚手架，可我移动速度太快，无法看清一切移动物体。9[1]

由此可见，时间旅行者并没有和时间玩蛙跳游戏，他的时间是平稳前进的，领先于现在，比周围环境移动得更快。但最终，所有东西都会赶上。在我所知的所有物理学实验里，时间旅行者也是如此。即使通过世界线闭环穿越回过去，时间旅行者依然沿着前进的连续时间移动。找到宇宙中的虫洞，是进入未来或回到过去的唯一捷径。即便如此，这条路径也只是通过时间的相遇而成立，而非跳跃。

讲述时间旅行中的物理学，最好的一本大众读物是 J. 理查德 · 高特（J. Richard Gott）的《在爱因斯坦的时空旅行》

[1] 参见《时间机器》，（英）赫伯特 · 乔治 · 威尔斯著，顾忆青译，天津人民出版社，2017 年 12 月。

（*Time Travel in Einstein's Universe*）。[10] 高特展示了许多理论上可行的奇妙手段。但所有的时间旅行，包括高特展示那些理论或推论上可行的手段，都有一个相同的前提，即某个地方存在同样有着过去、现在和未来的同时世界和平行宇宙，只是其时间运转方式和我们的不一致。如果某些别出心裁的时间旅行者从我们的世界跳到一个平行宇宙杀了希特勒，他/她或许能成功，但这场刺杀对我们的宇宙而言并不会产生什么影响。不过，在脑海中想象这类看不见的访客，还是挺让人兴奋的。

物理学和其数学公式里最美妙的部分在于，可以用理论呈现出许多令人惊奇的可能，而不必在意现实中的可行性。以 t 代表时间，建立现实世界的模型，用等式突破现实世界的限制，看看我们究竟能对时间做些什么。毕竟，这些等式也是建立在人们已广泛接受、视为真理的公理之上的，这些公理不会撒谎。

所以，各位不要再抱有幻想，期待通过回到过去来改变现在的生活了。从你现在所处的位置回到过去，需要大费周章以极快的速度在虫洞和黑洞里穿梭，在不干扰银河运动的情况下，动用大量来自银河的力量。即便你成功利用某种巧妙手段回到过去几分钟，你也仅仅只是一名旁观者，无力改变你当下的生活和时间。

而且，这都是基于相对论的理论基础，关于引力和时间的不同参照系。后来的量子理论，则提出了时间是否存在的根本性问题，让这个话题变得更棘手了。

让一个人闭目而坐，隔绝尘嚣，心无旁骛地感受着时间，如醒着的人一般，正如诗中所说，“午夜时分，聆听时间流逝，一切皆如白驹过隙。”在类似情形下，我们的头脑似乎没有思考的内容，如果有的话，我们能注意到也只是一系列空时距（duration）的萌发，它在内在感知（indrawn gaze）的作用下不断增长。[1]

——威廉·詹姆斯（William James），
《心理学原理》（*The Principles of Psychology*）

---

[1] 参见《心理学原理》，（美）威廉·詹姆斯著，方双虎等译，北京师范大学出版社，2019 年 3 月，第 679 页。

第四部分 认知和感官的时间

PART IV The Cognitive Senses

12 一个大问题（时间的感官和处所）

The Big Question (The Sense and Place of Time)

时间不只是物理等式里的 t，更多存在于人类的心灵和精神之中，而非宇宙尘埃中。物理学家的时间观，和普通人对时间的理解，有着本质上的不同，我们将这种理解称为“人的时间感知”，它是人类某种内在时间节律的印记，这正与圣奥古斯丁对其著名的时间之问的巧妙解答相一致。

让我们放大……并聚焦人类有限的生命中的每一秒。它到底是什么呢？时间被赋予某种神秘循环的概念——想想那些和时间有关的词语：持续、间隔、移动和变化。这些词语如灌木丛般相互交织，说到其中一个，就让人不可避免地联想到另一个。它们的含义不可分割。即便如此，在提到它们时，我们还是经常会分开使用。时间似乎总让人陷入这种说不清道不明的思维空间。“那么时间到底是什么呢？”圣奥古斯丁问道，然后这样回答，“没有人问我时，我倒是清楚，可一旦有人问我，而我又想说明时，就茫然不知了。”而伊曼努尔·康德的答案是：“时间不过是内部感官的形式，即我们自己的直观活动和我们内部状态的形式。”[1][1] 那么，康德所谓的内部感官是什么意思呢？他认为，空间中存在内在“图形”，时间也是如此，这样的“图形”是一维的画面，先于人的经验而存在。康德这样描述这一画面：“我们如果不在思想中画出一条线，就不能思考任何线；如果不在思想中描画一个圆，就不能思考任何圆；如果不从一个点出发设定三条相互垂直的线，就根本不能表示空间的三个维度；甚至在画出一条直线（直线是时间的外部形象化表象）时没有思考内感官中的演替，就不能表示时间。”[2]

这段话写于 1781 年。当然从现在的角度看，康德无疑是错误的。但他对时间和空间关系的理解，固然是深刻而有远见的。当时的他也想不到，在两个多世纪后，物理学家会将这一时空联系阐释得更易理解——但或许反而更令人琢磨不透。

人们活在现在，看向未来，因此常常会想，是否现在和未来之间存在某种界限，将二者分开。但问题在于，“现在”刚一发生——无论发生了什么，就已经变成过去时。人们在毫无察觉的情况下，在时间里一步步前进。原本的未来，突

[1] 参见《纯粹理性批判》，（德）康德著，邓晓芒译，人民出版社，2004 年 10 月。

然就变成了现在，现在又变成了过去，记录一切发生过的历史。我们的语言里，就如此语焉不详地形容时间：一条由“过去”的支流滋润着的河流，缓缓流向所有“未来”可能汇聚而成的盆地。在《爱丽丝镜中奇遇记》里，白王后云淡风轻地告诉爱丽丝，她记得下下个星期发生的事情，但人类完全不同，我们知道，如果今天是周一，之后跟随而来的就是周二。

语言恐怕得为人类对时间产生的困惑负上一定责任。“时间”一词，口语中通常指人们所说的一天接着一天、一小时接着一小时，还有墙上的钟、电话、厨房电器显示的时间。但更广义上的时间，包含更多不同含义。这也让我想起人们总也搞不清楚的因纽特人的“雪”。在因纽特语里，有400多个代表“雪”的词，[3]对雪有着不同的限定，比如正在落下的、凝结的雪片，在地上积了数英尺厚的雪堆，路边已经冻结的、泥泞而脏兮兮的积雪，或是一切从天空中落下的白色物体。像“雪”这个词一样，“时间”一词在不同的语境下，也有着千变万化的含义：有太阳时和恒星时，相对时间，生物时间，心理时间，还有现在时。这个词的意义如此丰富，或许人们也应该用不同的词语代表不同的含义。

但对于“时间”一词的所有含义，也有一个一以贯之的核心：当我们谈论时间时，无论如何解剖它，都离不开谈论空间与变化。时间作为衡量一切变化的首要尺度，牢牢抓住了空间概念的核心，它“决定了空间的维度”。我们生活在一个空间维度里，所感知到的经验必须用空间单位加以衡量，比如长度或尺寸。

有人认为，时间只是空间中的一种变化：如果没有任何变化发生，那么时间也就没有变化。这也是为什么当你注视一台钟时，指针好像没有动，而你望着水壶，水就好像不会沸腾——那时候，你的思绪在哪儿呢？你紧紧盯着，等待变化的发生，对时间报以过多的注意力。它——无论是什么——或者是“他”，正如疯帽子说的那样，很喜欢那种注意力。

这种注意力在每一天的日子里紧紧地抓住我们，使个体感知形成了心理时间。我们知道什么时候该吃早饭，去上班大约要花多少时间。这种注意力，用豪尔赫·路易斯·博尔赫斯（Jorge Luis Borges）的话来说，就是他是什么的“实体”。在散文《时间新反驳》中，博尔赫斯写道：“时间是一条令我沉迷的河流，但我就是河流；时间是一只使我粉身碎骨的虎，但我就是虎；时间是一团吞噬我的烈火，但我就是烈火。”4[1] 这与对时间的阐述，对真空状态下光速的认识，对知道下一次日食何时发生，截然不同。

这也是为什么，许多大哲学家竭尽所能想要调和主观和

[1] 参见《博尔赫斯全集》第一辑，（阿根廷）博尔赫斯著，王永年等译，上海译文出版社，2015 年 7 月。

客观时间。他们受困于这样一个事实：人类对时间的感知完全无法精确测量。20世纪法国哲学家亨利·柏格森（Henri Bergson）认为，人类生活经验里真正的时间的“绵延”（duration，法语为durée réelle），与任何科学定义里的时间框架都大相径庭。对柏格森来说，时间是心灵性的，和让钟表走动的时间不同。爱、痛苦、树林中落叶的声音、一本未打开的书的结局段落……如果没有感知到这些事物的心灵，它们就无法独立存在，时间也是如此。在柏格森看来，所谓时间，只是同时发生。钟表会走动到正午时刻，而同时，和钟表走动毫不相关的一些事件会在遥远的某处发生。但这种同时性，或至少钟表表盘上的运动，很少会影响人对时间的认知和记忆。

事实上，柏格森的理论延续了18世纪爱尔兰哲学家乔治·贝克莱（George Berkeley）的观点——他也被人们称为贝克莱主教（Bishop Berkeley）。他写道：“我们的思想、情感和想象所构成的观念，并不能离开心灵而存在。”[1]贝克莱认为，时间是由人的观念引发的某种印记，是一连串想法的集合，一个接着一个，是人类意识的某种节律性运动。5

或许时间就是这样一种节律性运动，提醒人们生活在继续。人类意识的起源和本质，从柏拉图时期开始，就是人类

[1] 参见《人类知识原理》，（英）乔治·贝克莱著，关文运译，商务印书馆，2010年11月（2019年6月重印），第23页。

争论的焦点，并在勒内·笛卡儿对自我存在的探讨中走向高潮。19 世纪末，美国心理学家威廉·詹姆斯把时间的连续性运用到他的“意识流”（stream of consciousness）研究中。他宣称，任何内省式的思考在通往结论之前，都不可能人为中止它。而这位思考者如果有幸，他的思想“足够敏锐使得我们确实能够捕捉到了它（思想），它也立刻就不再是它自己了”。按照詹姆斯的说法，似乎任何有意识的思考都将在被验证前消散，就像“一片雪花落到一只温暖的手上”。任何想要冻结人类意识流动的努力，都是无用功，就如同“想通过抓住旋转着的陀螺来把握它的运动，或等同于想要迅速地打开燃气灯来感受黑暗的样子”。这些努力，都“像芝诺对运动提倡者的处理一样不公平，他让这些人指出当箭在运动时，它的位置在哪里”。6 [1]

詹姆斯认为，时间和空间是成形的整体，不能分开考虑。任何对时间的思考，都应当伴随这样一种观念，即“时间是运动着的”——这一观念与闵可夫斯基的时空概念有相近之处。7 这一观念是说，人们生活在时间里，却未能有意识地感知它。也许这是因为，意识和时间不同，是断断续续、随机的，随时可能被打断，然后再重启。它会被睡眠和梦境打断，但有时似乎又相连，如西洋镜一般，给人以连续性的幻觉。

[1] 同上，第 259 页。

我们无法断言，有意识的思考是否是连续的，但我们知道，人类持续不断地从各个感觉器官中收集到的一束束复杂信号，然后被我们称为“意识”的东西，有序地同步和记录着。因此，我们也无须感到讶异，时间同样整整齐齐地藏在这些信号束里。

当代艺术家克里斯蒂安·马克雷（Christian Marclay）的作品《时钟》（*Clock*），或许是唯一一部你能在一长串连续拼贴画中，感受时间作为背景流逝的长电影。这部杰作拼接了超过 800 部电影中包含钟表的镜头，剪辑成了一部时长 24 小时的影片，通过重叠的声音和画面，让观看者能直观感受流逝着的 1440 分钟中的每一分钟。不同于马克雷，安迪·沃霍尔（Andy Warhol）的电影《沉睡》（*Sleep*）时长仅 5 小时 21 分钟，其中前 45 分钟时间完全静止，你只能看到一个男人起起伏伏的腹部。

对时间的探究，通常离不开这些问题：时间是否存在于人的思考之外，存在于刚到来就已流逝的“此时此刻”。时间是真实存在的吗，还是只是人的幻觉？时间是人造的吗？是先天存在于人意识中的吗？它到底是相对的，还是绝对的？

这里说的“此时此刻”，指的是理论上分割过去和未来的一个严格、可见的时间点，但正如詹姆斯所言，这是人类愚蠢地试图开灯抓住黑暗的一瞬间。这样一个点，理论上是存在的，也可以被论证的确存在，但人类真正能够想象的，是放宽要求，把这样一个点延展为一段间隔。[8] 而这一想象中的间隔，是空间的一部分。兜兜转转，我们又回到了一个老问题：人们对时间的认识，是把它当作空间的表象。

那么，有什么特别的方法能让人注意到时间的流逝吗？也许只有把时间和一些看得见摸得着的事情、某个事件、一种直接的体验、一段历史、一个故事、一段回忆联系起来时，人们才能感觉到，时间正在流逝。康德指出，经验持续存在于记忆中，而记忆的客观性是思想的基础。这种基础，构成了人的心理时间。对康德来说，这些来自个人的经验、存在于记忆里的“事情”，正和钢琴家的“手指记忆”一样：经年累月的练习，让他们无须刻意看乐谱上的音符，就能自如演奏。当然，手指本身没有记忆，不会思考下一个键该弹什么，以及要停留多久，而是大脑通过对这段音乐的记忆，知道下一个音符是什么，并且控制着肌肉。手指从大脑的运动皮质层得到指令进行运动，这一指令同时调动了大脑某处关于这段音乐如何演奏、速度和音调该如何处理的经验。

威廉·詹姆斯将这种现象称为“内在知觉”（internal perception），不过在他看来，这仅仅是过去的记忆罢了。他提出疑问：“那么这些事物又是怎样触及过去的呢？”[1] 然后他

[1] 同上，第 669 页。

生动地假设："我们的感觉不会这样狭窄偏小，意识的范围也不会缩到跟萤火虫的照明范围一样。意识流的其他知识，不管是过去的还是将来的，近的还是远的，总是与我们目前的知识混合在一起。"[1]他用萤火虫作类比，因为其发光范围仅限于它眼前的周围，而它飞过的位置就是一片黑暗。但和萤火虫的光不同的是，在意识里，来自过去的事件会在当下徘徊，并随着"现在"事件的出现渐隐。这是 19 世纪关于意识和人的内部知觉关系的一种表述。詹姆斯的叙述模式意味着，意识是连续流动的，而不是交替着的一连串事件；过去会在当下徘徊足够长的时间，以便一个个事件平稳过渡。詹姆斯如此描述这一过程："如果目前在头脑中想的是 ABCDEFG，那么接下来想的是 BCDEFGH，再往下是 CDEFGHI。过去的东西就是这样接二连三地慢慢消失掉，而未来的东西进入意识中来填充空缺。"[2]也就是说，意识是有先后次序的一系列印象和感觉，随时间聚集和消散。一些来自过去的感觉会共存许久，因而会让人觉得意识是连续流动的，而不是离散、有先后顺序、互相独立的想法的集合；这些想法一个接着一个，在记忆中此消彼长。这一切都在当下发生，两种感觉相交汇，"一部分是消失的次级感觉（sub-feeling），另一部分是出现的次级感觉"。[3]一种被唤起，

[1] 同上，第 670 页。
[2] 同上，第 670 页。
[3] 同上，第 696 页。

另一种还是预设。一种逐渐淡去时，另一种就强化了。这些都如电光石火般发生在一个个瞬间，如溪水般绵延流动。[9]

我们把“内部知觉”视为现在，那么一个又一个“次级感觉”的连续运动，就形成了时间的流动。这样一种模型把意识当成“现在”的传递者，推动其不断向前进展。“简而言之，”詹姆斯告诉我们，“我们在现实中认为的现在并不是像锋利的刀口一样，有清楚明确的界限，而是一个马鞍，有一定的宽度可以让我们安坐在上面，并且以此为基点我们可以向前或向后两个方向观看。组成我们对时间的感知的单元，是有头有尾的空时距，一头向后，一头向前。”[10][1]

詹姆斯所在的19世纪，流行一种叫“西洋镜”的玩具，是一间营造动画错觉的小屋子。这种玩具可以作为例子，展示次级感觉如何连续生成，帮助人们理解意识和时间的关系。西洋镜的原理，是用一个圆筒贴满一系列静态而有连续性的图片，然后转动，形成运动效果。比如，一匹马的腿和身体以跑步姿势在运动。每一张图片和下一张看起来都很相似，唯独在运动部分稍有不同，随着圆筒的转动，一张张图片按次序呈现，观看者便仿佛看到了马在跑的动态影像。

正是在快速的交替运动中，静止的图片变成连续的动画，快速的“现在”，每一个和下一个都很相似，但又有细微区别，

[1] 同上，第672页。

一旦相连就形成了连续流动的时间。19 世纪知名物理学家赫尔曼·冯·亥姆霍兹（Hermann von Helmholtz）在其对医学领域贡献极大的专著《生理光学手册》(*Hand book of Physiological Optics*) 中写道，西洋镜之所以给人们运动的错觉，是因为人眼看到一幅图像时会停留足够长的时间，直到被下一幅图像所替代。这归因于视网膜有这样的特性：如果一个人盯着白色背景上的一个黑点看，然后转过头，黑点仍会“停留”几秒。这一效应，在黑色屋子里看一点强光时更明显，光点会在很久之后才散去。这个光点，暂时“印”在了视网膜上。到如今，人们已经知道，这种让离散的图像变协调的运作机制，也就是人的视力，发生在大脑的视觉皮层，而不是眼睛里。因此，这个问题依然没有解决：在时间里，静止的图片是如何通过快速的连续运动变成无缝衔接的动画的呢？

在人的脑海中，时间从来不是一个能明确把握的存在，哪怕只是一小时。詹姆斯认为，人们对于精确的时间没有完整的认知，但对于空间有很好的感知力——当你打开窗户，望向窗外的风景时。倘若我们从这样的风景中抽离开来，将时间作为一个空时距呢？没有视觉，没有听觉，没有外部世界，身处一种詹姆斯称为“内在感知”的状态中。[11]

詹姆斯指出，对时间的“内在感知”，并不是要剥夺一切感官感受。就算闭上眼，也总有一点光亮，透过眼皮的微弱光亮；以及声音，身体永不停歇的杂音、心跳、呼吸、胸部有节奏的扩张和收缩传递，以及常被人们忽视的、来自内耳的微弱嘘声。因此，我们不会真正处于一种我们所认为的完全“内在”的状态。被后世称为“心理学之父”的威廉·冯特（Wilhelm Wundt），将这种状态称为“人类意识的黎明”[12]，某种程度上可以说是一种意识的放空状态。也正是处于这种状态时，人们能够有意识地感受到时间的流逝。

我们先不必全信詹姆斯或冯特的话。闭上你的眼睛，试着进入“内在感知”的状态。如果你成功清空了脑海中的所有念头，进入一片空无，你就会发现，还是会有一些与日常生活相关的词语和画面时不时跳出来。这是不可避免的。你不可能完全把头脑清空。你能够感受到一种有节奏的、慢慢接近意识放空的过程，在那里，在一片漆黑中，隐藏着时间的流逝。以嘈杂的日常生活作为背景，头脑和身体共同协作来记录我们存在的当下；当这种嘈杂的背景被剥去，你仿佛能看到时间在一个个非特定的、离散的单元中，有节奏地流动——现在、现在、现在——感觉上，它们就好像是连续的。

从某种意义上来说，每个人都知道时间是什么。但即使是这样，如此多对于时间本质的探索，还是回到了圣奥古斯丁的凝思中：只要没有人问起，我们就知道时间是什么。而一旦刨根问底，我们便会陷入形而上的泥沼——这跳出了我们理解力的舒适圈，在感觉上也令我们困惑。许多哲学家、科学家、心理学家的零星观点糅杂在一起，帮助人们更好地理解时间。但为了更进一步理解，我们必须还要知道：我们是如何走到这一步，时间是如何带我们走到这一步，走到当下这一刻——无论带我们走到当下的是什么。

所谓“当下这一刻”，就是活着的这一瞬间，思考的这一瞬间，运动的这一瞬间。当你饿了，你的大脑就会思考过一会吃什么。在理解目前的处境后，你此时此刻的感官就会期待接下来发生的事。你的意识会推动着你穿越过去，将现在导向未来。现在就是一个“你在这儿”的标记，但这个标记是一个移动的物体，一直在自我更新，接受来自未来的新信息。这也是为什么，我们认为时间总在流动。在英语中，阅读顺序是从左往右的，因此，在没有经过大脑的理解处理之前，我们就已经扫过眼前这些词语了。这个理解的过程，就是阅读中一个个的“现在”。打开着的未来不断成为现在，空白页一页页消失，现在也不断变成一卷卷的过去，被存档。而一圈圈循环着的时钟里，指针指向现在的时刻，顺时针往后代表未来的时刻，逆时针往前则是刚过去的时刻。因此，从未来到过去，也存在反向流动。当我们炒鸡蛋时（现在时），我们已经改变了鸡蛋在未来时刻里的存在状态（现在完成时）。在刚才的这个句子里，我刻意使用了看似不协调的时态，但这不可避免。

时间填充了潘多拉的魔盒：刹那之间，现在便幻化成过去。“现在”如同肥皂泡，一碰就破，但“未来”又会不断填补“现在”的空缺。“现在”似乎测量着世间万物，但同时自身又好似故意和测量公然对抗，不让任何东西测量它。它“如最平缓的潮汐一般前进，却又像最湍急的海浪一般后退。它赋予快乐以闪亮的羽翼，又赋予悲伤以沉重的铅块。它克制期望，又鼓励愉悦”。[13] 一切想要抓住现在的努力，都会像抓一只青蛙一样无功而返，令人苦恼。但努力也不是完全没用，你总还能抓住点什么。

对一个期盼下周过十岁生日的
九岁小女孩而言
时间究竟是什么？
但对一个奥运会滑雪障碍赛选手来说，
当她想象着赛道，
扣上她的战靴时，
她很清楚时间是什么。
同样清楚的还有长途卡车司机，
他们数月背井离乡，
眼前是无尽的漫漫长路，
在无聊孤寂中，
数着没有尽头的日子。

——约瑟夫 · 马祖尔

插曲　时间与我同在

我时常思索，时间有时仿若无处不在，有时却又不知去向，好像只是我脑海中建构出的某样东西，一种不得不遵守的现实。自始至终，时间可能只是人类的幻觉，只因我们置身在一个必须处理一桩桩需要协调时间的世界中。当然，我明白，时间的意义不止于此。如果没有时间，就算不至于彻底天下大乱，世界也将陷入混沌；而有了时间，至少人类社会能够和谐运转。时间赋予了形式、数字和测量方法，让我们能够进一步了解其成因；我们也由此拥有了诗歌的节奏，音乐的声音和律动，水仙花的盛开，对机会的期望和渴求，以及对圆满人生的回忆。我常想，如此看来，时间是否也和字母表一样，是人类构建出来的：人类发明字母表，用以组织故事和信息。相信没人会说，字母表是原本就存在，而非人类创造出来的吧？在史前时期，在现代人类还没有发出第一个音节时，字母表存在吗？而正如字母表是根据发音排列单词，时间也是人类对于自己整个生命周期内的生存状态和环境所进行的组织。也许，时间就是一款“地球特色”产品，便于人类更简单地理解生活，并且认识到，面对生活，还可以做很多事。时间是历史的基线，是存在与生存的目录，是希望的窥视孔。我的这些想法，深受爱因斯坦对过去、现在和未来的划分影响，他将这种分割称为“固执而持续的幻觉”，这也引发我不断追问时间究竟是什么。你要问为什么？因为直到最近，我都在从“时间究竟做了什么”这个角度思考时间问题。我们不都如此吗？但正如阿喀琉斯妄图追上乌龟一样，我永远也无法成功得到一个确凿的“时间究竟是什么”的答案。但我很高兴，我正在一步步接近真相。这恐怕也是每一个人所期望的。

13 时间都去哪儿了？（时间随年龄的加速）

Where Did It Go? (Acceleration of Time in Aging)

凡是有生物的地方，总会在其某处留下时间的烙印。[1]

——亨利·柏格森，

《创造进化论》（*Creative Evolution*）

在人生某些阶段，和朋友聊天时，话题总会自然而然走向感慨时光如梭。上了一定年纪，就开始觉得人生以越来越快的速度前进。对一个 6 岁孩子来说，一周后的 7 岁生日似乎要经过漫长的等待，但对一个 60 岁的老人而言，相同的一周，不过一闪而过。若不是遇到困难，或者有愉快、烦恼的生活点滴，可以用来标记时间，给日常增加些许不同，一个 70 岁

[1] 参见《创造进化论》,（法）亨利·柏格森著，王离译，新星出版社，2013 年 2 月。

的老人回忆起早饭和晚饭间的时光，将如同转瞬即逝的火苗一般。

随着年岁渐长，人体的新陈代谢变慢，体内的时钟会越走越慢，即便每天升起的太阳会重新校正这些时钟。老年人往往比年轻人步伐更慢，这未必因为他们走不快——他们还是能走快的；只是他们并没有意识到自己走得更慢。当人体的运作（包括平衡感、反应速度、视觉、听觉）变慢，对时间的相对感受也会变慢，因此，老年人并不能意识到时间前进的步伐和年轻时不一样。我曾在超市观察 70 多岁的老年人和年轻人穿过通道时的步伐，发现对老人家来说，对时间的感受会慢慢和身体，尤其是双腿同步。这是大脑控制时间的部位所发出的指令。人们感到，随着年岁渐长，日子仿佛过得越来越快，但日常生活中的每一分每一秒，却好像变得越来越慢了。老年人往往有意无意地感到，他们比年轻人拥有更多时间，但他们生命中剩下的时间，正在迅速消失。退休后，能掌控的时间虽然变多了，行动却未必受闲暇时间多少的影响。有了大量闲暇时间，反而形成了这样一种生活态度：既然可以慢慢过日子，那不妨行动迟缓些。步子上的减缓同样会调整人体内的时钟，不断告诉身体要走多快或多慢。这些时钟转达给身体里的发条、齿轮、杠杆、活塞：不用着急去任何地方，以此对抗老人离死亡时日无多的念头。

皮埃尔·勒孔特·杜努伊（Pierre Lecomte du Noüy）是位

于巴黎的巴斯德研究院（Pasteur Institute）生物物理部门的负责人。20世纪30年代，他曾主导一系列针对从“一战”战场返回士兵的创伤恢复的研究。从中，他发现了伤口愈合速度和年龄间的联系。这项研究受到了亚历克西·卡雷尔（Alexis Carrel）对于伤口的研究启发。亚历克西·卡雷尔是法国生物学家，曾因对血管外科手术的研究而获得诺贝尔生理学或医学奖。卡雷尔认为，伤口的愈合遵循某种几何规律，但他未能完全证明这一点——直到杜努伊用数学手段成功加以证明。杜努伊通过数学公式的模拟，找出了伤口愈合率与年龄之间的比率关系。结果显示，经历任何大型外科手术后，身体愈合的速度会随年龄的增长而减缓。

杜努伊还进行了一些化学实验，以证实伤口愈合速度和人的心理时间之间的关系。他发现，同样是一段20厘米的伤口，在一名40岁男性身上的愈合速度，比20岁男性的慢一倍，而在一名60岁男性身上的愈合速度，比10岁男童的慢5倍。[1]

如果人体的自我修复速度在年轻时更快，那么很自然能得出这样的结论：在细胞层面，时间的变化就影响了人体和大脑的运作。当然，我们也必须承认，孩子对世界的认识和成年人也是完全不同的；比起成年人，孩子总是更愿意尝试新的体验。对于不同年龄段的人，时间流逝的速度都是不同的。而当我们讨论人意识层面的时间时，其实也和人体细胞层面有关。听起来有点牵强？杜努伊的意思，并非认为细胞时间（不管“细胞时间”在20世纪30年代的语境中意味着什么）是人对时间感知的唯一因素，而是认为生理时间至少一定程度上修正了心理时间。他通过实验建立了人体伤口愈合和心理时间之间紧密的量化关系，由此显示细胞更新的速度，或许还有其他新陈代谢机能，会影响人内心对于时间流逝的感知。因此，我们可以得出这样的结论：人的内在时间感受，可能以某种方式与细胞活动相关联。

如今，人们对人体内的各种化学物质已经了解甚多，我们知道，随着年龄的增长，体内会堆积越来越多毒素。这些毒素不仅来自内部细胞组织的老化，也来自外部环境污染累积的伤害。我并不是想表达，如今环境污染对于人体器官的伤害，放诸人类历史而言变得格外严重——或许的确如此，但这不是重点。重点在于，在人体器官进化到能更好抵御这些环境污染前，一个人年纪越大，与之常年交战而疲惫的再生细胞，就会累积更多毒素。这就是人类衰老的过程。我们也可以将这一过程与心理时间和伤口愈合速度之间的量化关系做对比，后面我会用一张图表展示二者之间的函数关系。随着年龄增长，人体内会有更多无法消除的毒素的累积，伤口愈合速度会更慢，其他病症也会恢复得更慢。同时随年龄增长而来的，还有这样一种观念：对一年长度的认知，实际上不过是人在潜意识里对已过去的人生某一部分的理解，或是记忆的组合。或许这些观念，也对细胞的生物老化过程产生了影响。具体的成因我们尚不知晓，还有待争辩。

我发现，每当我思考人对时间的感知随年龄增加而变快这个问题时，我都会先陷入“感知”（perception）一词定义的泥沼。和时间一样，感知也是一个令人捉摸不透的词语。从定义上来说，它指的是“注意到正在发生或有可能发生的事物的能力”。我能够感知一件过去已发生的事件，也能感知未来即将发生的事件。但感知和记忆又不同，它所指代的范围更广：我可以感知事实上从未发生的事情，也能感知我并不希望发生却有可能发生的事。

对于一件真实发生的事情，我们常会误判它发生的时间距离现在的时间。认知心理学家用术语“伸缩偏见”（telescoping bias）来指代这一现象，指出人们总是容易高估近期发生的事件距今的时间；同样，对于很久之前发生的事件，人们则认为其发生的时间比实际上要近。试想一个发生在你生命中很重要，但你已经很久没有回想的事件，比如好朋友的婚礼，或是印象深刻的初吻。它是什么时候发生的？你的记忆很有可能在这些事情发生的日子，甚至年份上跟你开玩笑。这是因为，随着年龄的增加，我们感觉时间变快了。

还有许多理论试图解释变老过程中时间感知会变化这一现象。其中最流行，但被证明是错误的一种理论，是认为随着年龄增长，每一年在整个人生中的比例变得越来越小。威廉·詹姆斯认为，这一陈旧的理论来自 19 世纪法国哲学家保罗·雅内（Paul Janet）。詹姆斯写道，这一理论“并不能消除人们心中的疑惑……一个 10 岁孩子感觉一年是他生命的 1/10，而对一个 50 岁的人来说则是 1/50，同时，他整个一生似乎都维持这样的长度划分”。2 [1]

这是一种将人对时间的感知用生命的百分比进行计算的线性模型：你活了 N 岁，你对一年长度的感知，就是你人生的 $1/N$。对一个十几岁的孩子来说，每过一年，就是人生增加了 10%，而对一个 20 多岁的年轻人来说，过去两年才增加了 10%。接着往下计算的话，对于一个 10n 岁的人来说，要过 n 年，才是人生的 10% 过去了。从数学角度看，老年人的感受似乎是真实的，但其背后的成因要复杂得多。

根据这种将人生按比例划分的理论，每个月在人一生中的分量，就显得更微不足道了。但这种理论，忽视了可能出现在一生中任何时刻的某些重要瞬间。随着时间推移年岁被压缩的感觉，远比这个理论所阐述的要复杂得多。这种感觉不仅和新的、日常的体验有关，也和记忆、旅行——以及很大程度上与人的焦虑感有关。随着年龄增长，每一年变得越来越按部就班，日复一日的生活似乎将天天周周年年捆成了一束名曰时光的信封。

线性模型是用以解释为什么随着年岁渐长时间好像被压

[1] 参见《创造进化论》，第 683 页。

缩的典型方法。当 $y < x$ 时，对于一个 x 岁的人来说，他人生中的一年比一个 y 岁的人的一年要短。从数学上来说，这无疑是正确的，但没有解释背后的原因。神经科学研究显示，人体的多巴胺系统，包括其接收器和传输器，会随着年龄的增长变弱。[3] 而药理学研究显示，多巴胺系统与人的内在生物钟、暂存记忆、时距判断和注意力机制都有关。[4] 心理学家曾针对年龄在时间计算中的作用进行过一些小样本研究。被试者被要求用 3 分钟时间来数秒，并且要这么说“1~1000，2~1000，……”结果发现，最年轻的一组被试者——年龄在 19~24 岁，数得最接近；最年长的被试者——年龄在 60~80 岁，和真实时长相差了 40 秒。并且，如果将数秒数的时间延长到 1 小时，这个差距会扩大到 13 分钟。这些老年被试者并非退休人员，他们还是日程紧张的工作者，其感受力尚未受到无聊生活的影响。因此，背后的原因更可能是大脑本身内在的时钟走得慢了，于是感觉生活加速了。这或许是多巴胺系统变弱后导致的一种结果。[5]

大脑控制着人的反应速度和对时间间隔长短的预估。在事情不按自己的想法发生时，比如床头的电动玩具转得太快，或食物迟迟不来，婴儿就会哭闹。当然，从他们在妈妈肚子里开始，就曾经历不舒服的体验，但他们也一直在调整预期。年轻人总是很在意时间，他们往往比老年人更容易感到无聊，这时候，他们就会想到时间。他们比老年人更经常看手表，总是要确认做一件事情需要花多久。在整个童年时期，随着大脑前额皮质的不断成熟，这种对时间的关注会越来越加强。

一个多世纪以来，实验心理学针对时间感知进行了大量研究，并取得了丰硕成果。[6]一些研究显示，动物和人类的时间本能有一部分是相同的，二者大脑中有相同的区域，用以处理和时间相关的反馈行为。还有一些研究认为，大脑中时间管理的区域和处理焦虑、恐惧的区域相连。另有研究指出，人体内许多有节律的运作，如心跳、呼吸、疼痛、体温、情绪等，都与人对时间的感知有关。对时间的感知以某种方式和人的意识及潜意识相关联，能够改变心跳的节奏。[7]但所有这些理论和假说的问题在于，许多因素都会影响人们对时间的感知，其中有些是显性的，有些是隐性的，例如控制细胞计时的大脑机制。

下页的曲线，直观显示了保罗·雅内关于人对时间感知的心理纪年法模型，同时叠加了显示伤口愈合和心理时间之间关系的曲线。该图展现了二者的相似，但没有解释原因。我们知道，很多自然现象可以用函数曲线图建立模型。背后可能还存在一些隐藏的过程——或者是心理上的，或者是生理上的——但这个重合佐证了颇受人们欢迎的一种观念，即存在一些心理因素之外的原因，影响着人们对时间的感知。虽然，这种关联性可能仅仅是一种巧合——这种情况时而发生。我们也不必觉得有什么可惊讶的，毕竟，在对细胞的物理化

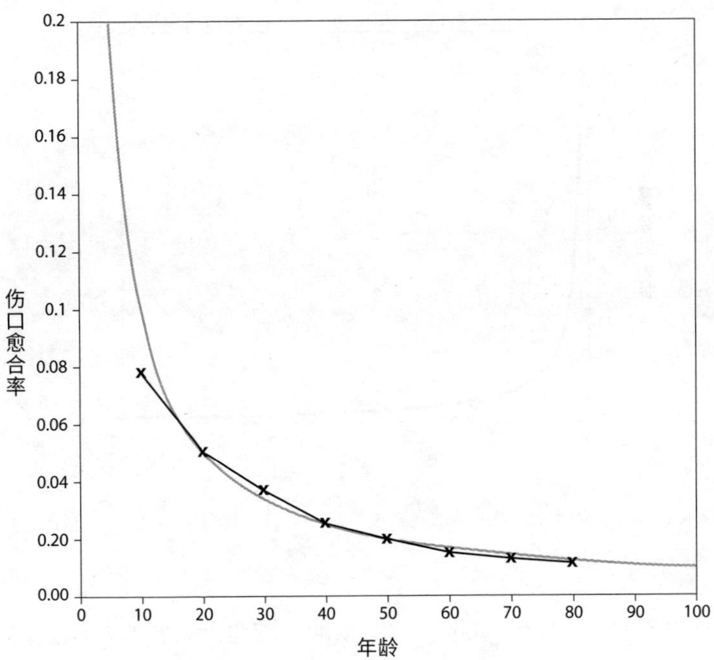

伤口愈合率与年龄增加值的函数关系图

学研究中，会发现很多化学过程都遵循着相似的几何原理。

回到老问题，为什么我们认为时间随着年龄增长好像加快了。如果一个人用已度过的时间占自己人生的百分比来看待时间的话，对一个 5 岁的小女孩来说，一年是生命的 1/5（20%），而对一个 25 岁的青年来说，一年仅仅是 1/25，也就是 4%。再放远一点看，x 代表一个人的年龄，y 代表一年在他/她生命中所占的比例，那么公式就是 $y=1/x$.

年龄固然和人们对时间流逝的感受有关，但未必以我们

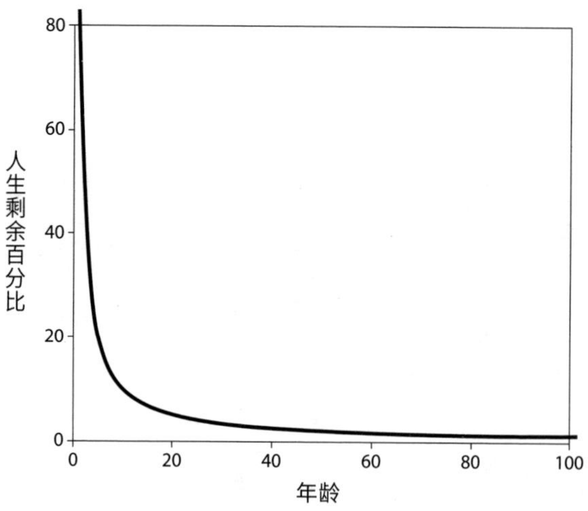

人生剩余百分比与年龄的函数关系图

所认为的方式。从意识、潜意识的层面将时间视为与年龄成比例的一部分，这种理论固然有其合理的一面，但这种感觉建立在对整个人生的记忆上，而这种记忆通常如同一幅模糊的速写。杜努伊以一个绝佳的比喻形容了这种状况：

> （记忆的运作机制）如同我们在剧院观看演员的表演，将内心的想法投射出来。场景通常往同一个方向移动，从右边展开，到左边结束。从机械论的角度，很容易推断出，幕布拉开越多，舞台直径越大，表演速度也越快。[8]

这个展开—合上的过程，或许一定程度上能解释上述理论，但也可能只是因为，在已逝去的一年又一年里，重复的、单调的日常经历占绝大多数，很少能留下持续的影响。人们不太会在意这些寻常经历，而是更关注一些重要瞬间，如初吻、买第一辆车、参加高中毕业舞会，或摔跤磕断了一颗门牙。这些是人生小径上的路标。但这些重要经历，随着年岁增长，就不那么频繁了。这或许也是人们年纪大之后会觉得时间变快的原因之一，尽管不是唯一的原因。

人类是如此复杂，我们的时间感也绝对不是一系列简单的日常行为能控制的。其背后的形成机制绝不简单。无论是什么机制导致了人们感觉时间的流逝是一项加速度运动，这种机制一定来源于一个涵盖甚广的分层结构；这一结构，又和人体内部的信号传递息息相关。我们的生活究竟和时间发生着什么样的关系，我们的身体又是如何理解这种关系的，都会通过这样一个结构传递。这个分层结构有一个成因，就是人的活动：充满活力的生活会让人觉得时间过得比较慢，这与我们通常认为的无聊时会让时钟走得更慢相矛盾。人的活动和身体时间、脉搏、心跳、体温、肌肉记忆及大脑活动都互相关联。时间感，是我们的生活方式向我们抛回的一个巨大的球。

当一个人意识到某个持续一段的常规活动即将走到尾声，这种对结束的关注也会影响人的时间感。比如，去温泉度假村度假一个月，这段时间有开始，有结尾。但只有在接近尾声时，你才会意识到那结束的时刻。假期刚开始，还没有形成某种生活规律，因此有一个空白的未来等着你去填补，有很多不确定的体验可以尝试：就餐时间会变，睡眠周期也是，包括对时间的关注也在不断调整。在这段你意识不到结束时刻的日子里，时间会和你的大脑玩起游戏。一开始，时间过得很慢，过了几天后，一种新的生活规律形成，然后你会按照这一新规律调整生活，于是，每一天过的速度好像就变快了，直到最后一天的来临。在这期间，一些诸如生理上的变化、血压、日照、饮酒行为等，都会搅乱你的时间感。

同样，如果感到生命的终点即将到来，也会让我们认为时间变快了。这是人体对大限将至发出的警觉信号，疲惫的细胞警告你那一天即将到来——漫长人生终结的那一天。我们知道它总会来，但不知是何时。随着年岁渐长，细胞不断衰老，变得松弛，协调的机能也开始紊乱（例如日夜更迭中体内蛋白质的合成与分解），我们会越来越在意这个“何时”。对死亡的感受越强烈，就越发感到生命比想象的要短暂。于是，对于内心如背景音一般总在喃喃念叨人生还剩下几年的念头，心灵会想办法制止。但最终，我们都会步入这样一个年龄阶段：细胞会提醒我们年岁正在越走越快，明年会比今年更短。

幸运的是，人的一生依然有许多快乐瞬间，比如咬上一口美味食物的瞬间，身处某一令人兴奋的时刻——或是在春日的花园里散步，或是陶醉于令人神清气爽的动人音乐，或是沉浸在某个兴趣爱好里，或是正经历一场深度思考。这些时刻在生命的时间线里时而现身时而隐去，交织着，赋予人的生命以意义。它们在日子里来来回回，时而让时间扭曲，时而让时间压缩，时而让时间膨胀。这些时刻，这些间隔，这些富有意义的时间段，才让你感觉活着。

插曲　世界上最慢的钟

我开始人生第一份暑期工时，是在15岁。我用了一张假的身份证证明自己已到法定工作年龄，然后在位于曼哈顿市中心、我叔叔开的丝网印刷店打工。从早上8点半到下午4点半，我像个机器人一样站在同一个地方，把墨水没干透的可口可乐广告海报从橡胶辊轴转移到烘干台上，一张又一张：展开双手，抓住海报的两个角，提起，转动，放进烘干台，放手，然后转身重复这一套动作。就好像这套非人的重复动作给我带来的精神折磨还不够大似的，墙上还高高挂着一台巨大的赛斯托马斯（Seth Thomas）时钟——它原本可能是为火车终点站设计的，当时正对着我工作的烘干台。我觉得那是世界上走得最慢的钟。它的秒针看起来好像根本不移动，我却每分钟都在以极高的速率处理海报。于是，我不禁想，这个钟是不是由前面的办公室控制的，为了让大家每天多干一点活。这份工作我只干了一周。还是说，已经过去一年了？

在那家店，每天的时间仿佛静止了一样。

“为什么？”我问我自己，“为什么当我看着钟上的指针时，它一动不动，我不看，它就动了？”

与之类似，还有很多关于时间的天真的问题，和一些答案。时间为何如此捉弄我们，一会儿收缩，一会儿膨胀？为什么随着年龄的增长，或在假期接近尾声时，在海岛的美妙时光将要结束时，时间变得更快了？又为什么在一段旅程刚开始时，或在某种情绪变化时，或等待一场无聊的讲座结束时，或等待水壶沸腾时，时间变得更慢了？为什么行驶在一望无际的高速公路上，仿佛要用一生那么久？为什么会出现时差，什么情况下又没有时差？为什么囚犯、瘾君子，以及患有焦虑症、阿尔兹海默病等认知障碍症的人，对现实时间的感知会有偏差？为什么有些人对时间的感知会比其他人精确一些？以及，为什么有些行为常常会扭曲人们对时间的自然感知？

我依然没有找到这些问题的答案，但我在某种程度上和时间达成了一种互相理解的状态。我给予时间我的注意力，而时间回应我的，是人生结束时的温柔一击。时间的确喜欢被关注。

14 感受它（时间感）

Feeling It (A Sense of Time)

> 一个人睡着时，周围萦绕着时间的游丝，岁岁年年，日月星辰，有序地排列在他的身边。醒来时他本能地从中询问，须臾间便能得知他在地球上占据了什么地点，醒来前流逝过多长的时间。
>
> ——马塞尔·普鲁斯特（Marcel Proust），
>
> 《在斯万家那边》[1]（*Swann's Way*）

20 万年以前，当成群结队的猛犸象和其他厚皮类动物叱咤地球时，对彼时生活在地球上的智人来说，仿佛身处时间的孤岛：他们每日疲于为生存而捕猎，还要时时应对自己变成猎物的危险，根本没空思考时间是什么。在忙碌的捕猎生

[1] 参见《追忆似水年华·第一卷：在斯万家那边》，（法）普鲁斯特著，李恒基、徐继增译，译林出版社，2012 年 6 月。

活中，他们过着日出而作、日落而息的规律生活。四季的更迭，只是一天天、一年年不断流逝的记号，人们通过太阳在空中的移动、从不同方向吹来的风，还有远处群山发光的轮廓注意到岁月的变化。在他们看来，挂在天上的太阳没什么特别的规律，一天，两天，三天，看起来都一样，给早晨和下午带来光亮，除了偶尔会因为云层出现而消失。

当然，没人真正知道这些活在 20 万年以前的人脑海中在想什么。我曾花数年时间翻阅大量人类学文献，以期得到一些早期原始人认知方面的研究结果，但无功而返，那么，就只能我自己做一些假设了。因此，接下来的论述，大家权当本人一些不着边际的猜想好了。我认为，在旧石器时代中期（Middle Paleolithic）和新石器时代（Neolithic）之间的某段时间，也就是几十万年前，当某人在某一地点看向太阳（忽视阴云遮日的日子）时，一定注意到了阳光是以某种固定规律照射的，且日复一日，照射的间隔时间也大致相似。这也是对于时间最原始的一种感知。然后几万年过去，有人认识到，可以利用太阳光照射的间隔来测量过去到现在的时间，又过去几万年，有人将这种方法理论化和数学化，然后用以规划将来。

为了生存，男人们要离开家族聚居的、以火堆为中心的安全舒适区去捕猎。他们要面对许多威胁因素：大雪、低温、饥饿和痛楚。除了长期严酷的捕猎活动带来的身体上的伤痛，更糟的是那些近在咫尺、虎视眈眈觅食中的野兽。当时的人们不太会注意到一小段一小段时间的存在，就算是一大段时间也未必能注意到。但在遥远的某个时期，早期智人的脑海里，一定存在一些关于重复、季节、日夜的简单认知，这样生活才能在日复一日醒来就捕猎、寻找水源、为生存奋斗的过程中不断向前。而后又过了几万年，原始人类开始有了一些休闲时间，能够在洞穴壁上用碳棒刻出日历，举办一些仪式来表达对主宰他们所捕猎的野生动物的超自然造物主的尊敬，或是感谢萨满。[1] 人类似乎有一种生存本能，能够规划醒着的时间有多少用于捕猎和吃，甚至留出富余的时间画画。那么，他们怎么会没有原始的对时间的概念呢？但是，似乎还是有些人对时间毫无认知。

或许这种情况如今依然存在。在对生活在亚马孙雨林一个人口稀少的当地族群的语言进行观察和田野调查后，研究者发现，时间感（time sense）并不是人类天生固有的。根据湖南大学认知科学特聘教授克里斯托弗·格林·辛哈（Christopher Glyn Sinha）的研究，阿莫达瓦（Amondawa）部落的人在语言上似乎并未形成时间观念。这一研究颠覆了语言学家长久以来视为普世真理的一种假设，即所有语言在组织时间关系时都会建立一种空间映射，也就是说，运动和位置，与时间观内在相连。当然，语言上缺乏时间的概念，并不意味着阿莫达瓦人就没有时间感，只能说明观念先于语言。研究小组发现，阿莫达瓦人没有词语用以表达“下周”“明年”

这样的时间概念，这个部落也没有人有年龄。那么，如何区分人生阶段呢？取而代之的，在这个部落里，人们通过改变姓名来表明一个人处于什么人生阶段。这也说明，时间是一种文化产物，而非人与生俱来的认知。但阿莫达瓦人也并非不会按照时间顺序来讨论生活中发生的事件，比如新生儿出生、婚姻，以及老人死亡。[2]

还有一个广为人知的例子，是关于美国印第安部落霍皮人（Hopis）没有时间概念的说法。它来自美国语言学家本杰明·李·沃尔夫（Benjamin Lee Whorf）在20世纪早期进行的一项语言学研究。沃尔夫发现，在霍皮人的语言里，没有词语或语法结构与过去、现在和将来相关；由此，他得出结论，霍皮人没有“对于时间是一个平滑流动的连续体的普遍观念或直觉，这一连续体的存在，使得宇宙间的万事万物都以一个相同的频率运转着，从未来，经由现在，进入过去；或是相反，观察者被卷入从过去持续流动而来的时间之河，然后流入未来”。[3] 这一论调确实违背了人的直觉，因此沃尔夫有可能是错的。[4] 在霍皮人的语言中，其实是存在一些能够反映他们在日常生活中对时间的运用的词语和语法结构的。浏览一本霍皮人的词典，你能够找到过去时态和将来时态。[5] 但正如我们从因纽特人那400个指代“雪”的词这个例子里所发现的那样，如果一种错误的迷思已深入大众，要推翻它就没那么容易。因此，我在想，关于阿莫达瓦语违背常规认知的语言学研究结论何时会被证伪。通常而言，语境能够辅助理解。因此，还有一种可能性是，阿莫达瓦人和霍皮人的语言中所描述的时间与空间之间的关联，和我们所认为的时空关联并不一致。在不断流逝的时间里，即便没有语言上的经验，人依然可以依照文化的指引，过好实实在在的生活。

出于生存需要，动物也有对时间的感知，比如感受到危险逼近时，会产生对未来的预期。我们当然无从知晓动物究竟在想什么——虽然在狗狗摇尾巴时，我们希望它表达的是开心。但我们知道，或者我们认为我们知道，动物生来就有这样一种本能，让它们能够比捕猎它们的物种跑得快一点，哪怕至少快一步。因此，猎人在捕杀猎物时，需要提前计划自己的攻击。

这让我想到自己在南非靠近博茨瓦纳一带的一次经历。那是一个下午，我和妻子正在马蒂克维野生动物保护区看动物，附近的山坡上有一大群狮子。这些狮子正匍匐着，观察 3 头在山谷水塘里喝水的长颈鹿，后者似乎对眼前的危险毫无察觉。我们在吉普车里安静地等待着，看着狮子的眼睛——是的，我们之间的距离就是如此接近。我们不禁想象那领头的狮子在想什么，就好像狮子会用我们的语言思考似的：我们该发动攻击吗？如果该，那合适的时间是什么时候？有一头狮子看起来是王，但即便是拥有一支军队的王者，也必须本能地察觉到令人不悦的意外事件。对一头狮子来说，长颈鹿的腿要是踢它的脖子一脚，将会是致命的。它清楚知道这一点。

我们屏息静待，观察着狮群。所有狮子除了紧张地不断眨眼，一动不动。领头的那只或许正在思考可能面临的风险。最后，长颈鹿喝完了水，伸直它们瘦长的腿，恢复了原本的高度。随后，它们自信而优雅地漫步离开狮群的视线范围。与此同时，狮群也做出决定：还是不要招惹如此高大的食草动物为妙。狮群预见到将来可能发生的情形，并为此制订了计划。

和大多数其他动物相比，这样的本能，我们现代人拥有的要少得多，这是因为我们的意识让我们能够习得生存所需的许多适当行为，因此不需要倚赖本能。但我们依旧保留了一些原始本能，可以和我们的学习能力互补。[6] 美国哲学家、认知科学家丹尼尔·丹尼特（Daniel Dennett）指出："大脑的任务是，在条件不断变化和意外不断出现的世界中，指引它所控制的躯体。所以，它必须收集来自世界的信息，并迅速地用这些信息'生产未来'，也就是提取预期，以比灾难先行一步。"[7][1] 因此，我们的大脑一直处于持续处理时间信息的过程中，并且会在做出任何决策前，提早预估所有可能性，以获得有利于生存的最佳机会。

现代人的时间观，是通过物理世界的经历塑造的。我们有时会意识到"现在"的存在，有时却不会。比如，开车去上班或赴约，如果仪表盘上的表告诉你快迟到了，此时看眼

[1] 参见《意识的解释》，（美）丹尼尔·丹尼特著，苏德超、李涤非、陈虎平译，北京理工大学出版社，2008 年 9 月，第 164 页。

前的车辆，这种“现在”就会让人闹心。但这些你意识到的“现在”的瞬间，很快会被归档为过去，成为微不足道的回忆。过去通常有固定的范围，这些回忆一旦形成，不太会被新的事物干扰或迷惑。而未来又迅速进入现在，被我们生活中的现实照亮，再加上一点来自想象世界的贡献。人们根据经验来制订计划。这种方式未必总是有效，但经验和想象的火焰，才能让我们在十字路口时决定下一步该怎么走。一场不期而遇的雨可能会毁了一次沙滩旅行。

和我们一样，那些居住在洞穴里的祖先，一定也建立了由一个个瞬间组成的时间轴，按照记忆的先后顺序——孩子的出生、猎杀一头羚羊、伴侣的去世，等等，将目睹的个人事件分类。他们也在头脑中的某处存档着生活。但他们的时间轴恐怕和我们的不一样。诚然，他们已经注意到日夜更迭，甚至通过观察月亮的盈亏注意到月份的变化，还有，对于那些远离赤道居住的人群来说，他们一定也注意到四季的变化。但他们的时间轴，还是和现代意义上的时间轴有所不同，此时和彼时可能会有一些混淆，分不清记忆中一连串事件发生的确切先后顺序。但可以肯定的是，他们确实会记录生活中发生的一些事件，以此为将来做准备。

如果一个史前穴居的猎人花费宝贵的时间雕刻一块石头，作为打猎用的矛的尖头，那么我们必须承认，他有着足够强的时间判断力，知道将来会用这个工具打猎。换句话说，他并非只活在当下。为将来做准备，是许多生物与生俱来的天赋。树木会为季节更迭、干燥、潮湿、寒冷，还有太阳高度的变化而做准备。鸟儿会迁徙，松鼠会收集食物，大多数生物会为繁殖提前准备。对动物和植物来说，这样的准备大多是一种本能，但对人类而言，则更与意识相关。我们或许无从得知一个穴居人的脑海中在想什么，只能通过大概的想象和猜测，认为他对时间有一种敏锐直觉，但对于现代人，我们所知要多一些。我们有这样独特的能力，不仅会思考将来，还会预知将来，甚至在脑海中把自己放进那个将来里。如果有什么因素会威胁到我们过上更好的生活，我们潜意识里就会对与这些因素有关的时间状态——无论是其连续性还是关联性——予以关注。我们不断以更好的生活为目标，并伴随着这样一种时间意识：疾病，或死亡，终将来临。

在历史上早些时候，为适应社会和物质世界的变化，人类对时间的感知变得更为敏锐。当社会生活愈发复杂，钟表和日历越来越多控制了生活的模式，时间支配了人们有计划的认知行为，并且不可避免地划分了过去、现在和未来。[8]这种计划性，促使人们专注于当下的行动以及对未来的计划。20 世纪英国牧师、宗教比较学者塞缪尔・乔治・弗雷德里克・布兰登（Samuel George Frederick Brandon），就是那个认为对于死亡的恐惧是催生世界上许多宗教的基本动机的牧师，也曾指出："大体而言，绝大多数成功的人和社会，都是那些善于好好利用时间规划事务的。"[9] 他认为，正是对时间的关注，让人类凌驾于其他为生存而挣扎的生物之上。尽管 20 万年听起来很长，但我们作为现代人物种，离进入半衰期还有很长一段距离。我们的工作，就是尽可能长久逗留。一些基因上的变化赋予了人类大脑以敏锐的触角，能够识别即将到来的事件和变化，有能力应对和控制不断变化的环境和意料之外的事件。人脑能够从周遭环境中提取大量信息，用以预判对身体而言的潜在危险。所谓危险，就是还未发生，但可能在将来发生、对人产生损害的事情。出于某种理性意识，大脑对危险的预判会创造出一个当下的现实之外的未来。大脑将过去和未来区分，将事件压缩，存档入记忆。不过，我们有时会选择活在当下。足球运动员知道大脑损伤的后果，而我们时不时会吃些明知道不该吃的东西。

让我们暂且忽视哲学家关于意识是否存在的持续不断的争论，来思考一下我们是如何获得对时间的本能直觉，或者至少对于过去、现在和将来的区分呢？答案难以捉摸，因为我们对于人类祖先的时间意识知之甚少。而对现代人的时间意识，我们知道的还稍微多一些。在为运转机能的计时方面，大脑显得极为高效。比如，当你举起手臂投掷标枪时，身体感官信号会先到达大脑，然后迅速调动相应的肌肉功能。而一个能够漂亮击打以 90 英里时速向他飞来的棒球的击球手，其身体和手臂的反应，与挥舞棒球棍的准确度，能达到一种惊人的协调。大脑是如何完成这样一种复杂的协调的呢？击球手的这一挥，其实并非源自棒球运动，而是来自几十万年前，人类祖先身体内的神经细胞进化成新的网络，由此拥有了捕猎快速移动的野生动物的能力。随着瞪羚跑得越来越快，人类神经和肌肉的协调性也在不断进化，变得越来越强。

最初，人类将过去的时间视为区分现在和过去的方式，究竟是什么机制导致了这一点，有些人类学文献提出了一些假设和有限的解释。人类，和他们的灵长类祖先一样，也许一直是群居动物。即便是回到语言尚未诞生、人类只能咕哝着发出几个元音的时代，早期人类也会用图画来留住记忆，区分过去和现在。这说明，我们区分时间的方式和语言有关。来自美国加州大学圣地亚哥分校的认知科学家拉斐尔·努涅斯（Rafael Núñez）和他的研究生肯西·库珀里德（Kensy Cooperrider）一起，通过对新几内亚原住民约皮偌人（Yupno）的研究发现，语言中所使用的类比，对于人们如何概念化时间起着至关重要的作用。努涅斯认为，有一种理解时间的方式，是通过空间进行类比，因为人类天生擅长导航和定位地理空间。[10]一个说英语的人在提到昨天时，可能会用手从肩膀上方向后指，向前指则代表明天——过去在我们身后，是我们来的地方，而未来在我们眼前，是我们要去的地方。在美国标准手语里，如果要表示过去时，就是用动词加上朝肩膀向后挥手，表示将来时，向前挥手。

时间与我同在——一贯如此。
跟在我身后，推动我向前，
催我去工作——无论我在哪。
它在前方等待我，
在身后催促我。
总是比我先到家，
无比熟悉我，
让我知道，我一点也不孤单。

——约瑟夫·马祖尔

要注意的是，我们不能混淆时间感知和计时在大脑运作中的区别。尽管已从心理学、神经学、药理学等各领域进行长达40年的研究，人们依然没有确切的证据证实大脑的时间机制与人对于时间流逝时有意识的感知之间存在关联。难点在于，时间很会伪装自己，不仅外在表现形式多样，其本身是什么也变幻莫测。人们在动物身上进行了多项实验，以证明人类与动物有不同的时间机制这一论说，但得出的结论并不能反映人们在现实世界的时间观。任何已知的高科技设备，如PET扫描（positron emission tomography，正电子发射计算机断层显像）、功能性核磁共振（Functional Magnetic Resonance Imaging），甚至最前沿的通过光敏蛋白质监测大脑细胞的神经科学技术，都无法找出人内在与外在感官之间的直接联系。与时间有关的信息传入大脑，并非只有一条通路，而是有很多条，多到足以让很多神经学实验产生令人混淆的结果。[11] 神经科学家还发现，人体几乎所有感官通道都包含与时间感知相关的指令，而且感知范围从微秒到年不等。大脑究竟能计算多长一段时间，我们尚不清楚。[12] 更令人惊讶的是，大脑中还有很多机制，能够“并行运作，搜寻简单的信息处理模型和神经基质”。[13] 其中有一些起到引领作用的物质，比如多巴胺，它就在时间感知中起着关键作用；还有一些大脑区域，也控制着人体的生物钟和多巴胺传递。

几年前，我曾作为“小白鼠”参加过一项物理实验，测试短时间内对光照的反应。那真是一次折磨人的体验，何况还是无偿的。在实验中，有两盏灯会连续闪光，然后我被要求数出眼前看到的闪光次数。我能数出来两次。两次闪光之间的间隔短于一秒。实验不断重复，闪光之间的间隔越来越短。连续闪光的次数一直都是两次，但有时候我只能数出来一次——事实上，依然有两次闪光，但我只能看到一次。当闪光间隔小于 1/10 秒时，两次闪光就好像重叠在一起了。这似乎是神经活动的结果，我所看到的东西被浓缩在一瞬间，一连串的事件聚集成一束光。但奇怪的是，随着光照以小于 1/10 秒的间隔继续进行，我有时依然能看到两次闪光，但有时只能看到一次。神经活动就像一连串光束，我把一对一对的光线输入神经中正在运转的时间轴里。有时候，一对光线会分开，每一道光出现在一个时间帧里。那时候我看到的，就是能区分开的两道光。后来研究人员告诉我，他们认为这些时间帧运转的速率会受到人体多巴胺水平的影响：多巴胺水平越高，速度就越慢。这或许解释了为什么能让人分泌多巴胺的兴奋的事件，会改变我们对时间的感受。多巴胺水平越高，和真实时间相比，人内在的时钟就会走得越慢，因此，人们会低估时间的流逝。也就是说，人对时间的感知是不稳定的，多巴胺的活动会影响我们对时间的判断。[14]

对时间感知的研究，似乎从心理学和认知科学诞生的第一天起就开始了。1860 年，俄国博物学家卡尔·恩斯特·冯·贝尔（Karl Ernst von Baer）在写给位于圣彼得堡的俄国昆虫学会的信中发问："现在"究竟是什么？处于过去和未来之间的时刻，究竟是什么？他所指的，是能够被人所感知到的最短瞬间。贝尔认为，这个瞬间对人类和对动物来说，是不一样的。对人类而言，这个最短瞬间作为内在瞬间感的一部分，应该不短于 40 毫秒。德国神经科学家、来自慕尼黑大学医学心理学及人类科学中心的恩斯特·波佩尔（Ernst Pöppel）教授称之为一个"人类瞬间"（human moment），或曰一个时间量子，是"人类原始意识活动大厦的时间之窗"。[15]

波佩尔教授指出，人们通过几种方式来体验时间，要么是某段持续时间，要么是几段持续时间相互重叠（几个事件在时间上非常接近），又或者是有先后顺序的一连串事件，抑或过去和现在的区分，或者是变化。他说，发生在过去或现在的事件，和人们对于先后顺序的感受，不是一回事，也就是说，事件先发生，然后才有顺序的概念。因此，要试着抓住每一个现在的瞬间，在它永远被记忆遗忘之前。“让我们试一下，”英国哲学家桑德沃茨·霍奇森（Sandworth Hodgson）提议，“大家都来试着——我不用‘捕捉’这样的词，就试着‘注意’或‘留心’当下的瞬间。这是最让人困惑的人生体验之一。当下究竟在哪里呢？在我们试图去抓住它的时候，它已经融化；在我们想触摸它的时候，它已经消散，刹那间就不见了。”[16] 在霍奇森看来，时间是抽象的，任何感觉器官都无法真正触及，但时间确实和人们一直在一起，作为“似现在”（specious present）的一部分。这个概念，是由罗伯特·凯利（Robert Kelly）提出的，他原本开了家雪茄公司，后来成了一名业余哲学家。[17]

霍奇森是对的，但我还要进一步说，“似现在”或许会融化，但不会完全消失。就好像风中的蒲公英种子一样，人生经验的一个个瞬间在记忆中汇集，使人生不断走向圆满。就像你最初学驾驶时，会很紧张在意必须要做的每一件事，即便是一些你原本不会在意，但对驾驶技术有帮助的事情。你会认认真真做好交代你做的每件事情：关注脚踩油门时的速度，思考油门换踩刹车时脚要以多快的速度反应，以防换脚的时候来不及；紧张地观察路面情况，以及你与其他车和行人的距离有多近。这种状态可能会持续几天，或是几周。不久之后，这种对细节极端关注的紧张状态，会转移到大脑其他位置，让你的驾驶操作变得自动化。之后每次开车，就会对这些操作越来越习以为常，驾驶时用到的四肢，包括腿、手、手指，似乎也都有各自的“大脑”操纵它们。最初的紧张感逐渐成了一种下意识，让你能够放松下来做一些别的事情，而这种三心二意，在你第一天学驾驶时绝对不会发生。

学走路、骑车，还有弹钢琴，也需要这种紧张的专注才能成功。或许你认为，走路是一种天生的本能。但对于刚学步的幼儿来说，在最初摇摇晃晃的几步里，还是需要专注于如何保持平衡不摔跤的，和学骑自行车时一样。为了更好完成这些任务，身体似乎替代了大脑的作用，尽力追求协调。对于已经知道怎么走路的我们来说，或许不太会关注从一个地方到另一个地方需要走的每一步，当然，有时这个走路的任务会复杂些，比如需要上下台阶，或是在不平坦的路上奔跑。还有游泳，虽然不是陆地生物天生就会的技能，但除非是一名游泳表演者，如果只是爱好游泳的话，也无须太在意手臂和双腿该放在哪里。学钢琴稍微有点不同，毕竟你不必担心发生什么危险（除了弹不好感觉有点丢脸），但同样需要经过紧张的专注状态，才有可能成功。

演奏家都知道什么叫作手指记忆。当你在钢琴上弹奏一支新曲子，你需要有意识地去读之前没有看过的乐谱。而如此这般至足够多的次数——或许 20 次、或许 100 次之后，你的手指就能自动进行任务了。或许你还是要看一眼乐谱，但已无须完全专注在一个个音符或是你的手指上了。你的手指自然运动着，而你的注意力可以放在节奏、乐句，或是如何更有创造力地表现你在乐谱上看到的东西上。之所以能做到这些，部分是由于无论你弹奏到哪里，脑海中已经提前出现了这段音乐，可能比你真正身处的“现在”提前了几毫秒。你会提前注意到音符和时间——是的，时间，尤其是时间——还有即将要弹到的乐句。这种自动重复，通过某种方式形成于无止尽的、机械运动式的音乐练习。对于真正的演奏家而言，这一观察或许是错的，但对于新手来说，这正是他们花了无数个小时练习一首简单曲子后的感受。

我们年少时经历过的很多有意识的活动都是如此，这几乎是所有学习必经的历程。时间也是如此。人的时间感，由于有如此多的外在形式和变体，处于如此多不同的情景之下，最终会进入大脑的不同部分，然后我们对时间的认识会变得越发得心应手。就好像身体的不同部位会认识不同事物，同时也会从其他部位接收一些信息，最终合力形成整个潜意识系统。

人步入老年后，对时间的感知会退化。仿佛大脑存储着那些能让人下意识行为的信息的部分，将这些信息撒入了风中。我们在失去对平衡的感知时，同时也会失去对时间的感知。令人颇感讽刺的是，随着年龄渐长，时间变得越来越重要，我们的时间感却越来越弱了。我们必须做的事情、应尽的义务越来越少，有大把时间可以挥霍。但同时，我们做事也越来越慢，对于能否按时完成没有那么焦虑。到了时间越发珍贵的知天命的年纪，按说时间应该变得更重要了，但事实并非如此。

将人体看作一台鲁布·戈德堡机器，由上千精密的部件组成：齿轮、篮筐、发条……在每个瞬间一一准确排列，使得生命体完好运转。但似乎，并非所有的发条和篮筐在特定时间都能以相同方式运作。如果你把一颗弹珠放入滑道，它在早晨与夜晚的运动路线可能并不相同。

——薇罗尼卡·格林伍德（Veronique Greenwood），
《墙上的时钟》（*The Clocks within Our Walls*）

第五部分 生物节律

PART V Living Rhythms

15 作为总控的起搏器（时间之眼）

The Master Pacemaker (The Eyes of Time)

近来我思考的主题，便是时间：
它是怎样如河流一般流淌，
或如水晶一般静止，
或停留在微小生物舞动之处
那里没有房屋，没有时钟，也没有溪流。

我的生日再度来临
伴随着命途多舛的月之循环。
白日来临，爱的阴影变光明，
白昼越发绵长，无论我们是否相信
时间真实存在，抑或只是梦境。

——艾米丽·格罗斯霍尔茨（Emily Grosholz），
《爱的阴影》（*Love's Shadow*）

控制着人体内时钟的“总控台”位于下丘脑，这是勒内·笛卡儿所认为的人的意识所在之处，它位于松果体旁边。而松果体，则是笛卡儿所认为的人的灵魂所在之处。根据笛卡儿的身心二元论（mind-body dualism），人通过眼睛输入外部信息，传输进大脑中心的松果体，然后释放出新信息给个体意识和心灵。

我们如今已知，意识的生成分散在大脑多个区域，并不存在某一瞬间，一下子让做出某一决定的意识产生。警觉的大脑持续处在以各种经历“轰炸”中枢神经的状态里，并没有某一

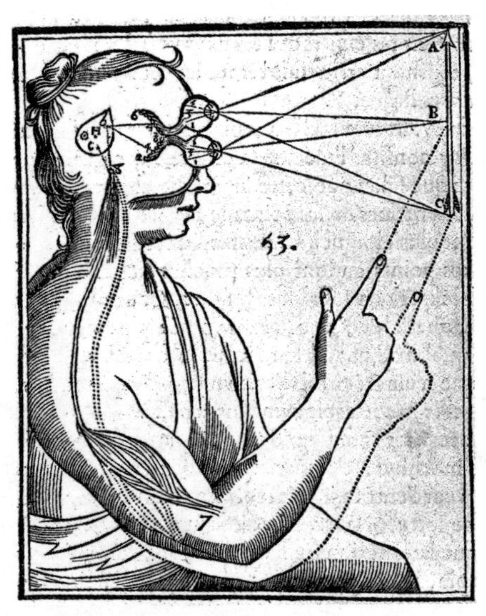

勒内·笛卡儿关于肌肉和视觉机制协调的插图，由笛卡儿《论人》（*Traité del' homme*）（发表于巴黎，1664 年）的编辑克劳德·克莱尔色列（Claude Clerselier）绘制，惠康收藏馆（CC BY）

个精确的区域会和某一特定事件所产生的意识一一对应。

笛卡儿曾经通过在公牛身上进行实验，对人眼有过详细的分析研究。当时他 24 岁，从克里斯托夫·沙伊纳（Christoph Scheiner）的著作《这只眼睛：视觉基础》（*Oculus hoc est: Fundamentum opticum*）一书上学习了眼生理学。沙伊纳是德国巴伐利亚的一名牧师和物理学家，他在公牛眼上进行了一系列实验，以此开展人眼解剖学方面的研究。笛卡儿进一步优化了这些实验，将牛眼的背面换成了一枚蛋壳。他在牛眼背面留了一个小孔，小心处理不破坏眼内的流质，然后将蛋壳贴在小孔上。结果发现，在蛋壳上呈现出的眼前的图像，是倒过来的。由此，笛卡儿得知，眼底视网膜上的成像是倒置的，并且大脑通过视觉神经接收图像信息。

通过这一实验，笛卡儿得以描述出虹膜的运作机制，还发现了眼球血管层内有一圈平缓的肌肉，这一层肌肉有许多功能，比如在人看不同距离的物体时，能够调节晶状体的形状。笛卡儿不仅对眼部构造及其组成部分很感兴趣，他还想知道，光线如何进入眼睛，图像如何通过光敏细胞（那时的他对这些还不了解）进入视网膜，传输到大脑，成为我们所说的“看见”。对一个 17 世纪的实验而言，这是个由来已久的老问题。但在不知道视觉神经的存在及其功能，同时也不知道化学元素和电流能够刺激神经冲动传向大脑多个处理中心的情况下，要回答这个问题，很是复杂。视网膜上有一层光敏组织，它一旦检测到光，就会转化成电流，就像光照射到硅（一种能收集太阳能的元素）会产生电荷一样。光敏组织会将信号发射给大脑，释放褪黑素。褪黑素是能够降低人体温度、使人产生困倦感的激素。在黑暗中，褪黑素就会释放。

根据笛卡儿的身心二元论，在身体这一边，我们有眼睛、耳朵和大脑。眼睛和耳朵负责接收信息，然后如笛卡儿作品的插图所展示的那样，将信息传输给大脑中央的松果体——它是想象力和常识的总部，也是意识的门岗。松果体的形状就如一颗小小的松果一般，位置处于两个丘脑中间。在整个人体进化过程中，松果体或许曾经是光敏性的，但如今已经不是，因为被视网膜感光色素上的突触信息取代了。[1]

在人体内，究竟有没有一台专用的时钟，配合中央系统测量来自不同外部刺激和不同任务的时间？又有没有一部内生的起搏器，不断跳动，监测和控制人体的节律系统，根据外部光照及季节因素的反馈，来调节体内的生理节奏？答案是肯定的。

人们往往根据习惯和任务组织每天的生活，比如有会议要参加、有截止时间要遵守、有工作要完成，因此需要不时看下钟表。而人体也像时钟一样，需要和周围世界保持同步。这样的一个“时钟”，就位于下丘脑。这台人体时钟，不管它实际上是什么，它的作用就是控制和调节身体时间。

除了位于大脑皮层和基底核的时间处理系统，人体还有一对视交叉上核（suprachiasmatic nucleus，SCN），这是位于人脑中央下丘脑的一对核，位置极为靠近松果体，能够产生褪黑素以调节人的睡眠模式和体温。视交叉上核是人体负责昼夜节律的中枢。许多有机体，从单细胞藻类到人类，基因中都存在以 24 小时为一个周期的反馈回路。这些回路告诉有机体何时休眠，何时苏醒，身体何时改变温度，以及何时要对危险产生警觉。通过接收眼睛传递来的环境光信息，视交叉上核能感知到阻碍人体内在节律与外部时间同步的一切影响因素，诸如饥饿、营养、焦虑、健康状况和工作安排，都能让这个时钟失灵。总而言之，视交叉上核就是根据光照和季节循环的外部环境因素调节人体内生理节律的“起搏器”，它可以改变褪黑素的浓度，从而使人体内部时钟与地球 24 小时的旋转保持同步。目前已有大量研究证实了这一点。当健康哺乳动物的视交叉上核移植到节律紊乱的动物身上时，后者的节律行为就能得到恢复。[2] 即使单独在培养皿里培养的视交叉上核神经细胞，依然遵循着昼夜节律。[3]

因此，笛卡儿的研究确实揭示了一些重要问题：人体内的的确确存在一台内部时钟，并间接与视网膜的光敏性有关。但笛卡儿也搞错了一些事：并不存在某一特定的神经区域生成意识。对他，以及对大多数人来说，心灵和大脑是不同的——心灵并不是由人们称为细胞组织的东西所构成。笛卡儿的身心二元论认为，人拥有一个物质性的大脑，它可以吸收信息，但并不思考，同时拥有一个心灵，其中包含着让人能基于自身利益做出决策的意识。二元论和唯物主义的冲突就在于，唯物主义认为心灵也是纯物质的，由实体组成，而不是由某些不符合物理、化学和生物学定律的超验元素（或许是永生的灵魂）组成。也就是说，人的所有精神活动过程，都可以用生理学上的细胞的物质组成加以解释，可以通过物理学、生物学、化学和其他科学定律进行探测和假设，并不存在任何非物质的元素在操控。我们已经习惯于接受这样一个观念：身体由一系列物质实体，也就是细胞所组成，细胞会分裂、生长和死亡。但说到心灵，我们中的一些人却倾向于接受一些二元论相关的观点。有些人无法接受唯物主义，因为实在有太多东西难以解释。这就提出了一个我们称为“身心问题”的难题：究竟大脑和心灵之间是如何沟通的，形成了人的“正念”（mindfulness）。

“正念”一词，来自英文对于佛教术语“念”（sati）和梵文中的 smriti 的翻译，其词根是 smarā，意思是处于记忆和思考之间的一切。最接近该意的英文常用词，是注意力（awareness），但在佛教哲学里，正念不仅仅是对记住经文、修行活动和周围环境保持注意力，它是七觉支之一，如今也包含对于事物之间联系的关注，以及对于注意力本身的关注。

正念，是人体验时间流逝、有意识思考时间存在的一种方式。一台钟往往如节拍器一般，始终保持滴答走动，频率统一。但心灵的时钟是有机的，同其他有机的物质一样，天然有着不规律性，有时候会变慢，有时候会加快，会根据身体如何能达到最佳的生存状态自行调整。我们暂时斗胆将身心分开考虑，与其说心灵是一台有机的时钟，不如说它和人们对镇上时钟的关注度关系更大：镇上的钟，代表了一种存在于社区或外部环境的、精确的集体时间。环境塑造了人体的昼夜节律，正是这种昼夜节律，保证了人体即便缺乏外部信号，依然能重复和保持大约每天 24 小时的生理过程。视交叉上核大约有 20 000 条神经元，用以整合内外部信号调节身体节律，而眼睛在控制和调节身体时间上，只起到很小一部分作用。[4]

就眼睛而言，主要起作用的是眼睑，这是眼睑功能的自然选择过程。眼睑的 20% 是透明的。视觉神经会监测到清晨的光线，然后告诉身体该起床了。从远古时代起，人类就仰赖对光线的敏感度，以及清晨的鸡叫声，来区分夜晚和白天。眼睑的透明度，能够帮助人体的内部时钟启动一些和区分日夜相关的身体机能。浑浊的眼睑可能会让我们一直沉睡，无法传递该苏醒的信号给大脑。住在地球最北边和最南边的人，他们体内的时钟可能会用别的方式来区分日夜。当然，如果一个人全盲，也会有其他一些替代方式来调节生物节律，换一种方式在节律循环中生成褪黑素。

视网膜中的神经节细胞能感受明暗变化，然后通过视神经将这一信息传递给视交叉上核。这些细胞包含一种对短波长光极为敏感的感光色素，即便盲人也很敏感。然后，信号会到达松果体。当视网膜暴露在光线下，这些信号就会被抑制，而在黑暗中，这些信号得到活化。人体的昼夜时钟正是以这种方式每日重启。从下图的图表我们可以看到，在夏天，褪黑素大约从晚上 8 点开始生成，在凌晨 3 点到达峰值，让人睡得最沉，大约早晨 8 点停止分泌。

人类为什么花这么多时间在夜晚睡觉呢？当然，几乎地球上所有生物，都跟随这个星球的日夜规律和谐舞动，但也有些动物压根不睡觉。比如，海豚会闭上一只眼，并且停止

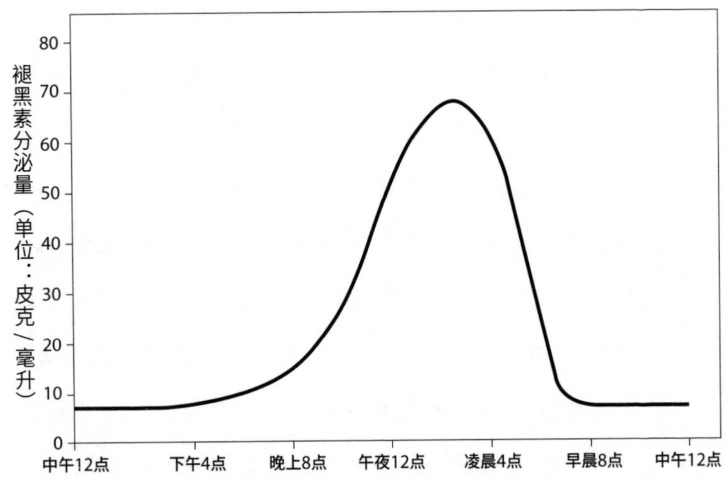

夏季月份的褪黑素生成循环

大脑一半的运作进行休息，但另一只眼和另一半大脑，依然保持对猎食者的警觉。它们半睡着游动。鲸和鼠海豚也是如此。而长颈鹿在一天 24 小时的时间里，会打盹 6 次，但每次只有 5 分钟。它们打盹儿时也站着，把头靠在背上休息。之所以站着睡觉，是为了随时准备与山坡上的狮群对抗，这是它们哪怕在睡觉时也必须考虑的。进化过程虽然赋予了它们吃到树顶叶子的优势，但同时也留下了无法从躺卧姿势快速起身的劣势——当狮群在附近时，这会要了它们的命。你可能会认为，体型巨大的大象，应该需要大量睡眠，但事实上，大象每次睡觉不超过 30 分钟，而且经常也是站着。高山雨燕在从喜马拉雅山向南非迁徙的过程中，会整整 6 个月连续飞行，片刻也不休息。不过也有一些研究显示，它们在飞行中可能偶尔会将翅膀顺着气流伸展开，眯一会儿。

上述动物，似乎都不需要长时间的睡眠。它们的睡眠习惯也不遵循光线和黑暗的指令，只是因为疲倦。我们要讨论的问题在于，外部世界的 24 小时，对于控制人体很多行为——比如体温的变化（体温在傍晚会比较高，在清晨会比较低）的内在时钟，所产生的影响究竟是强，是弱，抑或完全不起作用。人的体温遵循着 24 小时节律，这一生理现象同样存在于住在夏冬两季分别有极昼和极夜现象的高纬度地区的人身上；对于任何睡眠习惯和低纬度地区有着典型昼夜节律的人不同的人身上，情况也是一样。即便收集了大量生物节律相关实验的数据，但关于外部时钟对于内部时钟的影响，依然没有明确的定论。[5]不过，现有一些数据指出，人体的生理节律（昼夜节律）的确与光同步，即使对于那些出生很久之后失明的人也是如此。也就是说，哪怕失去了感光能力，这一同步习性也依然持续。[6]

插曲　交易大厅的时间

一名纽约对冲基金交易员曾对我说，时间就是金钱。“对冲基金就是对信用廉价的赌注，”他说，“每天，我把上百万美元放在期货和信用违约掉期（credit default swap，CDS）里。这就是一场合法的投机，但你必须知道自己在做什么。我可能在一秒内输个精光，也可能在下一秒赚得盆满钵满。”

我想了想这个交易员说的最后一句话，然后想象比尔·盖茨（Bill Gates,）、杰夫·贝索斯（Jeff Bezos）、马克·扎克伯格（Mark Zuckerberg）、乔治·索罗斯（George Soros）、迈克尔·布隆伯格（Michael Bloomberg）和沃伦·巴菲特（Warren Buffett）会在 15 秒的时间里赢得或者输掉多少钱。

纽约股票交易所的电子钟相当精确，但并没有和开市闭市的交易钟相连。开市的钟声是人为操作的：在美国东部时间每天早晨 9 点 29 分 45 秒按下按钮；而闭市是在下午 3 点 59 分 45 秒。纽交所平均日成交量 500 万笔，成交额高达 400 亿美元，15 秒钟，可能就会对一些交易产生巨大影响。高速运转的计算机每秒处理上千个交易份额，即便是速度较慢的场内交易，在 15 秒的时间里，也要处理上万美元的交易。发生在全球各地这样的高频交易，大约占美国投资交易额的 7 成。根据《福布斯》（*Forbes*）统计，2019 年，杰夫 · 贝索斯及其家族的净资产大约为 1310 亿美元，比尔 · 盖茨则为 965 亿美元，沃伦 · 巴菲特是 825 亿美元，马克 · 扎克伯格是 623 亿美元，迈克尔 · 布隆伯格是 555 亿美元。[1]

这些数字听起来令人震惊。为了给各位直观地表现这些数字究竟有多大，我们来算一下，当股票市场开市时，在一个普通的交易日，15 秒可以赚取或者损失多少钱。比如，把贝索斯资产的三成换成证券或外汇，他在 15 秒的时间里，平均就可能挣到或损失 440 万美元。因此，时间的确是金钱，而且对一些人来说，是很大一笔钱。不过，对贝索斯来说，440 万美元不算什么。

16 内在节拍（细胞里的钟）

Internal Beat (Clocks in Living Cells)

关于生活有意思的一点，在于它是时间性的——也就是和时间有关。所有生物体，我们做的一切，都不得不臣服于时间的训诫和影响。

——兰辛·麦克洛斯基（Lansing McLoskey），
《盗窃》（*Theft*）

许多有机体在一天中某几个特定小时里状态最佳。比如蛞蝓，也就是俗称的鼻涕虫，它们终日生活在黑暗中，不知格里高利历为何物，但会准时在 8 月最后一周和 9 月第一周产卵。[1] 蜜蜂在寻找花蜜的过程中，总是知道什么时候该去哪里，也知道每一种花的最佳产蜜时间。

20 世纪中期，奥地利诺贝尔生理学或医学奖获得者卡尔·冯·弗里希（Karl von Frisch）进行了大量与蜜蜂交流和采蜜相关的研究分析。他发现，蜜蜂体内存在一部内生时钟（internal clock），不仅能告诉它们去哪里采蜜，还能精确告诉它们食物什么时候就绪。弗里希在其针对蜜蜂语言的著作里写道："据我所知，没有其他生物能像蜜蜂一样根据'内生时钟'快速学习到进食。"[2]

的确，蜜蜂每日采蜜的劳作，会根据时钟——更准确地说，会根据日出时间进行。"二战"前，弗里希在位于慕尼黑大学的实验室里研究蜜蜂的习性：在喂食点准备好糖水后，他训练蜜蜂在特定的时间进食。很快，蜜蜂就改变了原本的天然习惯，适应了弗里希的人工安排。仅仅两天，旧习惯就不复存在，蜜蜂甚至停止了寻找花蜜的飞行。

从弗里希的实验结果看，似乎动物和昆虫的一些有关时间的生理习性，都受到某种内在节律控制，我们可以称之为"内生时钟"；但不管这个"内生时钟"究竟是什么，它同时也受到外界环境因素影响，如日光和月光、地球的自转和公转等。弗里希的学生马丁·林道尔（Martin Lindauer）进一步拓展了他的实验，将蜜蜂幼虫放在 12 小时黑夜、12 小时白天的环境下孵化。当蜜蜂发育成熟，再被训练朝着一个特定的方向飞行至少 5 天，[3] 结果发现，它们完全根据太阳的位置判断时间。[4] 林道尔和弗里希对这一结果感到很惊讶，因为当时人们只知道鸟儿会根据天生的迁徙习性来规划路线，并不知道原来昆虫也这样。但一只蜜蜂的飞行要复杂得多，每天都在发生变化。

“有一种树和玫瑰一样，长着很多叶子，夜晚闭合，清晨开放，至中午完全打开，到傍晚又慢慢闭合，直至夜晚紧闭。当地人都说，它是去睡觉了。”[5] 这段话翻译自生活在公元前 3 世纪的希腊植物学家、来自埃雷索斯的特奥夫拉斯图斯（Theophrastus of Eresos）。他所描述的，是酸角叶每天的动态。他指出，这种有机体的生物行为完全依赖时间，不受到任何其他外部因素——例如光照的影响。[6] 我们如今已知，一切有机体都存在辅助其根据季节性光照变化调整自身行为的授时因子（zeitgeber），因此，或许酸角叶靠的是一些隐藏信号。在我屋子的南边有一株丁香，每年 4 月第一周必开花。即便温度依然接近 0℃，这些花苞依然会如约而至蹿出头来，好像在说，“我感受到了太阳的角度大约是 51°，这样的日光足够唤我冒出头了！春天到了！好了，蜜蜂们在哪儿呢？”

1729 年，法国天文学家让 – 雅克 · 德梅朗（Jean-Jacques de Mairan）进行了一系列实验，结果显示，植物的一些精确节律性行为，并不受外界环境影响。德梅朗对植物叶子的运动很感兴趣，他想知道，为什么一些植物——例如在中美洲、南美洲和亚洲常见的含羞草，会在白天舒展开叶子，而在晚上闭合。在实验中，德梅朗营造持续的黑暗环境，并记录下含羞草叶子的变化。他发现，即便是在完全黑暗的环境下，含羞草也会在每日白天的时间段里张开叶子，在夜晚的时间段闭合。对于这一规律行为背后的机制，人们还没有理出头绪。其中一种猜想，是对温度循环的敏感。不过，德梅朗的实验并未涉及温度和湿度的变量。到 1758 年，法国生理学家亨利 – 路易・迪阿梅尔・迪蒙索（Henri-Louis Duhamel du Monceau）重复了德梅朗的实验，严格控制实验环境，把植物放在酒窖内的防护区，设定特定的温度；但即便控制了所有条件，这一运动依旧在持续。[7] 在没有一丝光反馈的情况下，植物也能知道时间。[8]1832 年，瑞士植物学家奥古斯丁・皮拉摩斯・德堪多（Augustin Pyramus de Candolle）发现，如果将含羞草在黑暗中放置数日，它的叶子会提前 1 至 2 小时张开。这种植物似乎仍跟着太阳调整其内在节律，但叶子的睡眠周期不会少于 22 小时。[9] 到 19 世纪末，查尔斯・达尔文也参与到这一研究中，写下了《植物的运动本领》（*The Power of Movement in Plants*）这本关于叶子日夜变化的著作。他指出，自然选择赋予了这些“会睡觉的植物”这样的能力：通过在白天吸收阳光，能在寒冷的夜晚进行自我保护。[10]

即便有迪蒙索和达尔文的背书，生物学家们仍未能完全接受内源性生物钟的学说。有人要求解释其背后成因；还有人要求找到更有力的证据，以证明预料之外的环境因素对这一现象并不起作用。而后在 1930 年，德国生物学家埃尔温・宾宁（Erwin Bünning）利用美洲本土一种野生豆类植物菜豆进行实验，将其放置在完全黑暗的环境下，并且严格控制温度。结果发现，菜豆存在 24 小时的生理循环，这一循环不受任何环境变量所影响。因此，植物的确存在内源性生物钟机制，控制着叶子的开闭。他还用红光照射金盏花来研究对其叶子的影响，结果，在没有任何明显的外部环境信息的情况下，同样发生了极精确的节律性行为。看起来，一些植物的确存在某种遗传性的内生时间标尺来控制它们的节律行为，这一标尺或遵循日夜的光照循环，或与之相反。

昆虫同样存在内在生理节律。如果你的家里曾被果蝇大肆侵略，你一定知道这些小虫子有多烦人。你每拍 1 只，就会有 10 只冲你飞过来。那么，果蝇有什么有趣的地方呢？罂粟籽般大小的这么个小东西，又能揭示关于世界的什么奥秘呢？事实是，果蝇和人类基因的相似率极高，是研究人类疾病基因的重要模型。

要完整揭示果蝇基因组，恐怕难度和解释弦理论差不多。幸运的是，至少这种昆虫的生理节律还比较容易理解，无须动用在研究果蝇和人类基因中常用到的大量的生物化学、内分泌学和生理学知识。最早期的果蝇研究，来自加州理工学院的罗纳德·科诺普卡（Ronald Konopka）和西摩·本泽（Seymour Benzer）。1971 年，他们发表了一篇论文，报告了导致生物体节律紊乱的基因突变。[11] 一些学者认为，科诺普卡和本泽的研究确实对生物钟学产生了影响，但无须过分夸大这一影响，在他们看来，两人的研究“对整个生物钟研究领域和所有后续分子复杂性的研究，起到了预见性的作用”。[12]

对于将果蝇以其学名黑腹果蝇（Drosophila melanogaster）称呼的生物化学家和昆虫学家来说，我接下来要说的可能还很不成熟，但我希望能用简单几页说明问题。因此，让我们跳过对人类和果蝇蛋白质结构不同的详尽分析，只简单将果蝇当作一个节律时钟的实验模型，它在短暂的半衰期里，通过特定的基因表达形成了一个反馈回路。大体而言，这个回路是这样运作的：当 A 分子数量上升，到达能产生 B 分子的临界点（半衰期同样很短暂），就会反过来停止产生 A 分子。

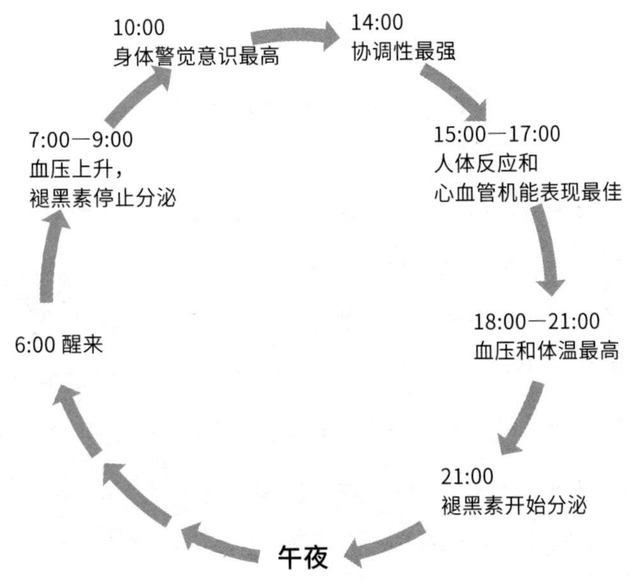

人体生物钟的昼夜节律（以一名早晨 6 点起床的人为例）

和果蝇不同的是，人类有着强大的主观意志，能够反抗体内尽管微弱但始终持续的生物化学控制。上页是一个大约每天早晨 6 点起床，生活跟随日出作息规律的人，他体内的昼夜节律示意图。

在人的大脑和身体内，存在一个内生的节律系统，在一系列机制的相互协调下，完成一些特定任务，这一系统，我们称为宏观生物钟（macrobiological clock）。在分子层面，存在一个“节律振荡器”，即一组特定的细胞组，像钟表一样共同作用，然后推动更大范围内大脑和身体有规律地运作。20 世纪 80 年代早期，来自布兰迪斯大学的杰弗里·霍尔（Jeffrey Hall）、迈克尔·罗斯巴什（Michael Rosbash）和罗斯巴什的学生保罗·哈丁（Paul Hardin）发现了果蝇体内的“节律振荡器”。果蝇体内控制时间的生物钟基因，和人类的非常相似。因揭示了控制昼夜节律的分子机制，霍尔和罗斯巴什还获得 2017 年度的诺贝尔生理学或医学奖。他们发表在《美国科学院院报》（*Proceedings of the National Academy of Science*）的论文中指出，他们分离出了果蝇体内调节生物钟的 per 基因，并将其命名为“周期基因”（Period gene），这一基因所编码的信使核糖核酸（mRNA）能够形成反馈回路，根据周期基因的指令启动和终止蛋白质的合成。[13]

为了清楚说明问题，我们先来回顾一下信使核糖核酸和蛋白质的运作机制。基因的功能，除了携带脱氧核糖核酸

（DNA）片段，主要是指导蛋白质的产生。而蛋白质——也就是一系列负责人体细胞生长和修复的氨基酸组合（包括氧、碳、氢、氮元素），是需要获得 DNA 通过 mRNA 传递给核糖体的基因指令，才能合成。核糖体就像精密的分子机器一样，按照这些指令以特定方式排列氨基酸。细胞核中的 DNA，储存了所有能将特定 DNA 片段转录为生命体所必需的核糖核酸的基因指令。细胞核内的 mRNA 离开细胞核，进入细胞质，并输出存储在基因内的信息。

一切生命体都能够适应环境的变化，尤其是地球自转引发的 24 小时日夜周期循环。人类的遗传信息，也包含了从祖先那里传承下来的蛋白质的生物化学运作机制。即便人体内数百万个细胞都有着自身特定的功能，但每一个都包含着相同的遗传信息编码。

1992 年，哈丁、霍尔和罗斯巴什发表了关于“节律振荡器”的研究结果：果蝇能够在周期基因的指令下知晓时间。也就是说，存在一种节律基因，下达指令完成 mRNA 的周期循环，随后通过一个反馈回路，PER 蛋白质会根据反馈回来的指令活动。神奇之处在于，位于果蝇细胞 X 染色体的周期基因，包含着传递给 mRNA 中的遗传信息（mRNA 半衰期很短），指导核糖体合成与周期基因相关的蛋白质（这种蛋白质被称作“PER 蛋白质”，PER 大写以和周期基因中的 per 作区分），这种蛋白质反过来会进入细胞核，抑制周期基因的活动。随后，清晨的光线会破坏 PER 蛋白质分子，而一旦 PER 蛋白质浓度降低，周期基因就会重新进行 mRNA 的编码，以完成 24 小时的反馈回路。在果蝇体内，这样的分子生物钟存在于一个单独的细胞内；不过根据目前已有的研究显示，在哺乳动物体内，这一过程则需要一整组周期基因。因此，果蝇的周期基因模型，是有机体为了适应地球的昼夜节律，从而获得最大化生存几率而进化的结果。毕竟，地球是一个生命体的存活受到明暗变化剧烈影响的星球。

下图是果蝇体内"节律振荡器"的工作原理：细胞核内

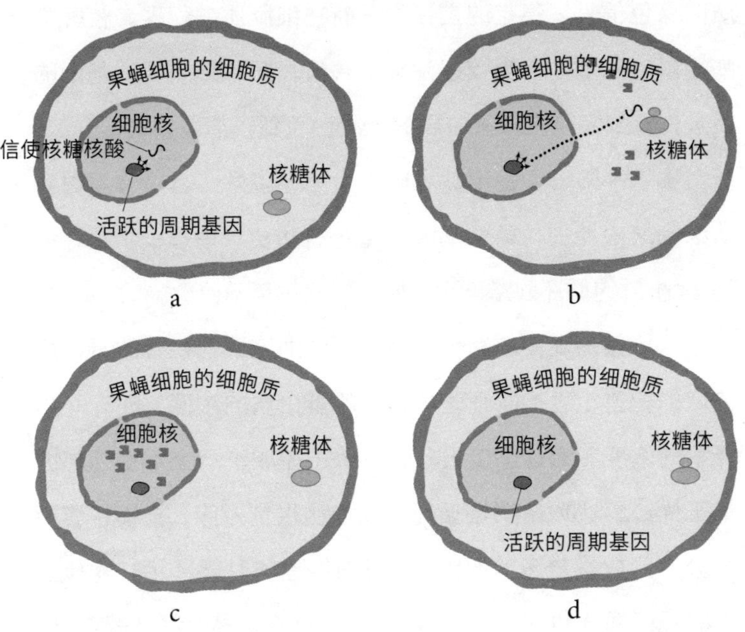

在果蝇昼夜节律中，时钟基因和蛋白质的分子指令示意图

（a）深夜，（b）夜间，（c）早晨，（d）白天

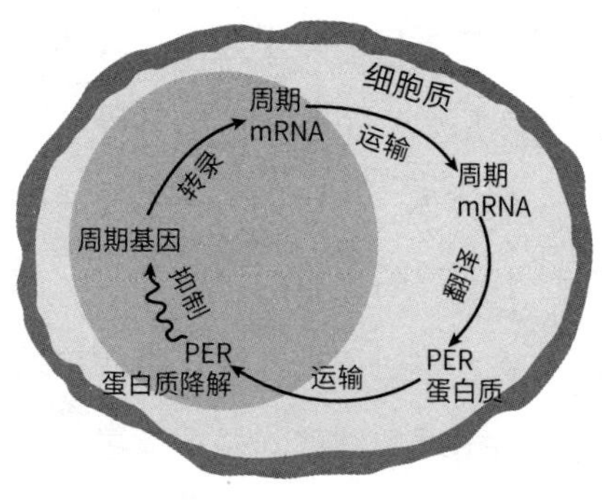

果蝇细胞内 PER 蛋白质振荡器的 24 小时反馈过程

的周期基因转录 mRNA，然后转移到细胞质向核糖体（生成蛋白质的场所）传输基因信息，发出生成稳定和不稳定蛋白质的绿色信号。稳定的蛋白质不断在细胞质内积聚。夜晚降临，蛋白质水平在半夜达到某一阈值，开始抑制周期基因的转录，直到完全阻止蛋白质的生成。而到了清晨，太阳升起，蛋白质水平降低，甚至数小时之后完全降解。当所有蛋白质从细胞核中消失，周期基因又重新启动转录过程，于是，大约 24 小时的循环回路再次开始。如此往复不停歇。

这一振荡周期的频率，完全受到细胞质内积聚的蛋白质浓度的调控，包括向细胞核移动的蛋白质的浓度，还有开始降解的浓度。通过浓度上升和下降，完成了一个不受外部因素干扰、24 小时的周期循环。或许这也是为什么果蝇在黎明时分产卵数量最多的原因。[14] 或许这也同时解释了，为什么人的睡眠模式也遵循一定规律，一旦打破，后续的睡眠阶段中就会出现紊乱。[15]

从跳虫到果蝇，许多生物有机体都进化出了内生的生物钟机制，以实现各种行为、新陈代谢、生理运作与昼夜节律保持同步。人类也有特定的细胞行使生物钟功能，实现昼夜节律同步，但这个振荡器的运作原理，远比时钟复杂得多。[16] 下面是目前我们已知的一些结论：首先，果蝇模型是目前公认的能作为参照对比人体分子机制的最佳模型，因为果蝇和人类在大部分人类疾病基因上呈现功能性的同源。因此，果蝇模型在研究人类疾病和药物开发上极为有效。它能够告诉我们细胞如何影响人的睡眠模式、褪黑素和激素活动、心血管变化、体温、血压、免疫系统、肾脏功能等的日夜循环。

人类是昼行性动物，白天活跃，晚上则相对不那么活跃。这是一个 24 小时周期的生理性节律行为，和地球自转形成的环境因素有关。当然，人类中也有夜猫子，毕竟我们和动物还是有些许不同，不受身体如此严格的控制。1994 年，约瑟夫・高桥（Joseph Takahashi）和来自西北大学及威斯康星大学的实验团队用果蝇模型寻找哺乳动物的时间基因，随后在老鼠中找到并识别出了它们。[17] 他们将这一基因命名为时钟基因（CLOCK）。[18]

随后的研究工作，主要针对果蝇和哺乳动物的时钟细胞运作机制之间的同源性比较展开。哺乳动物有 3 个类似周期基因的同源性基因，其中 2 个负责生成“时钟蛋白质”。这就是哺乳动物情况更复杂的地方。[19] 不过，关于哺乳动物还是有一些能解释明白的东西，帮助我们了解更多。

1972 年，来自芝加哥大学的神经学家罗伯特·摩尔（Robert Moore）和尼古拉斯·莱恩（Nicholas Lenn）用氨基酸追踪器识别光信号从视网膜到视交叉上核的路径，指出影响昼夜节律的光信号是通过这一通路传递的。[20] 同年，弗里德里希·斯蒂芬（Friedrich Stephan）和欧文·楚克尔（Irving Zucker）的研究显示，老鼠的视交叉上核一旦损伤，其昼夜活动和饮水的节奏会受到干扰。[21] 7 年后，来自东京三菱化学生命科学研究所的井上新一（Shin-Ichi T. Inouye）和川村宏志（Hiroshi Kawamura）同样用老鼠进行实验，确凿无疑地发现，对啮齿类动物而言，视交叉上核的电流活动遵循着昼夜节律，它是一个自动节律调节器。[22] 1990 年，来自弗吉尼亚大学的迈克尔·梅纳克（Michael Menaker）的实验团队进一步证实了这些实验结论。他将一只发生了基因突变、昼夜节律周期只有 20 小时 12 分钟的仓鼠的视交叉上核，移植给一只没有基因突变、但视交叉上核缺失的仓鼠。结果发现，接受移植的仓鼠的昼夜节律变成了 20 小时 12 分钟。这充分说明，视交叉上核内存在着调节哺乳动物昼夜节律的物质。仓鼠体内新的昼夜节律，只可能源自移植而来的视交叉上核。事实上，昼夜节律的频率始终与器官来源方的频率保持一致。[23] 由此，眼睛的光接收器，以及源于光信号传输给视交叉上核的内生节律机制，它们在调节昼夜节律中的作用得以明确。

我们目前已知，所有细胞，包括那些在身体内部深处的细胞，都维持着自动振荡的频率。每个细胞有着自己的时钟，所有这些时钟都受到相同的反馈回路所驱动，这一回路指导着视交叉上核中的调节器。在无脊椎的哺乳动物身上，这一调节器会间接通过眼睛探测光暗的神经信号，由此在调节身体的昼夜活动、睡眠—苏醒的周期中起到核心作用。[24] 因此，身体的整个时钟系统，同时包括了大脑中的视交叉上核，以及体内几乎每一个细胞里都有的，上万亿的细胞时钟。因此，可以说，我们是由许许多多时钟组成的，这些时钟通过授时因子（在 18 节中会有更详细解释）实现与环境同步，即便光暗产生变化，节律也保持不变。

在哺乳动物体内，除了眼睛细胞外，其他细胞没有光接收器，因此，只有视交叉上核能够间接通过来自视网膜的神经信号的传递感受到光，这也是为什么，我们通常在有光的情况下醒来。这种日常规律性的睡眠—苏醒周期，同样保证了进食循环的规律性，由此调节激素的活动，并与肝脏和肠的细胞时钟相同步。而如果进食习惯不规律或受到限制，肝脏细胞就会跟着进食循环走，忽视视交叉上核发出的调校信号。

或许我们会认为，时间对人意志和行为的影响在自我掌控范围之内，与人的意志相比，时间对身体机能的影响是微弱的，不必太把大脑和身体与外界节律因素的生物联系放在心上。但事实并非如此。生物化学因素和基因，比我们所想象的强大得多。它们通过内源性的细胞间转录/翻译反馈回路指示时间，与细胞外的地球物理循环相同步，从而调整有机体的行为。更令人惊讶的是，这一回路，反过来也受体内分子钟循环周期的影响。[25]

健康的人体有许多传递功能性信息的反馈回路机制，包括何时停止进食、何时休息等。如果我们吃太多，体内就会分泌一种叫作“瘦素”（一种能量调节器）的激素，让我们产生饱腹感。细胞吸收营养也遵循昼夜节律：白天吸收，夜晚停止。经过一整个生命周期，细胞死亡，被替代。皮肤上的疤痕也是如此，纤维组织会被再生细胞所取代。人体内器官的细胞都是这样，新陈代谢过程跟着睡眠和苏醒的节奏走。

细胞的新陈代谢循环，如今在制药产业中也被视为重要课题。人们发现，有些药物在 24 小时昼夜循环里的某些特定时间段，能够发挥最佳疗效，而在另外一些时间段，则可能带来灾难性效果。人体遵照时间表运行，就像一列火车一样。合理运用人体细胞的节律性特质，将对药物管理和癌症的放射性治疗带来非常直接的益处。[26] 特定的时间可能会增强、减弱甚至彻底抵消某种药物的功效，由此给病患带来严重甚至是致命的伤害。[27] 因此，也催生了药理学的全新研究领域：时间药理学（chronopharmacology）。

上述情况完全合乎道理，因为肝脏中分泌的负责分解药物的酶，就是依据人的饮食习惯产生的。

插曲　长途卡车司机

在马萨诸塞州 91 号州际公路的一座卡车站上，我遇到一名给运输公司 J. B. 亨特货运公司（J. B. Hunt）打工的长途卡车司机罗德里戈·里加罗（Rodrigo Rigarro）。他当时正开着一辆 80 英尺的彼得比尔特 539 重型卡车从亚特兰大到蒙特利尔。他是个身材魁梧的家伙，有些花白的头发扎着一条马尾辫。我在午饭时坐在他旁边，想问问他在路上时，对时间的流逝有什么感受。

“我没怎么想过这个问题，”在打开话匣子之前，他这么说，“完全看路上的情况，有些路太无聊了，你恨不得马上离开那些一眼望到头、两边只有玉米地的直道。这时候来一座桥就能好点。”

里加罗说，他一年要行驶超过 30 万英里的路程。对他来说，每条路都挺无聊的，但其中无聊至极的要数诺克斯维尔的40号州际公路。他会在路上听广播：流行乐、乡村乐，以及新闻；还会想想退休生活，下一顿饭吃什么，什么时候洗澡。在花了几分钟拿起他还没怎么动过的芝士汉堡后，里加罗对我正在写的东西产生了兴趣。当时，我正在一边做笔记，一边啃一个干巴巴的汉堡。起初，他不希望自己的名字出现在任何印刷物上，因为怕说了什么东西让公司不高兴。但当他知道我感兴趣的话题是时间而不是无聊后，他变得善谈了起来。

“我想过时间的问题，”他说道，推翻了自己之前说的话，“在开车时，我会经常看钟，看手表，看手机。GPS导航会告诉我从纳什维尔到华盛顿要多久，然后我很惊讶，最终到达的时间居然都挺准。”

“那你认为时间是什么呢？”

“噢，我想时间就是记得吧。”

“记得？能不能解释一下。”

“当我想到时间，我就会想到已经发生过或马上要发生的事情。比如我之前去了某个地方，接下来要去某个地方，以及过一会儿就会到达那里。这就是时间——记得你做过的事情，期待你即将要做的事情。”

他的表述和朱利安·巴恩斯在小说《终结的感觉》里的表达极为相似，认为时间是和记忆的一种联系，“抓住着我们，塑造着我们”。1[1]或许，长途卡车司机们都是进行多任务的深度思考者，在望向眼前道路的同时，边听音乐边思考。他们就像古巴比伦的牧羊人一样，一边看着羊群，一边思考头顶的星辰。他们用无尽的时间任思绪遨游，整个美国都是他们观察的宝库。

里加罗走后，我点了一个派和一杯咖啡，继续和货运卡车司机比尔·莫什（Bill Moss）聊天，他是来自佐治亚州的退伍军人，这次花了10周时间在路上，从洛杉矶途经纽约到波士顿。在回家与家人待在一起休息10天后，他又要回到路上继续10周的行程，驾驶3100英里穿越整个国家。比尔从1985年起就开始了驾驶卡车的工作，但他告诉我，他从来不觉得无聊，即便是穿过一望无际的荒漠。他开着一辆巨大的18轮部落快运公司（Tribe Express Corp.）的卡车，睡在车上，在诸如FL罗伯茨餐厅（FL Roberts Diner）之类的卡车停靠站停车休息。

“我根本不考虑时间，”他告诉我，“我享受路上的每一分钟，听音乐、听福克斯的新闻、打电话。开车时，时间在路上走得飞快。我不考虑英里数，也不考虑时间。我知道什么时候该去哪儿停车、吃饭、睡觉，还有冲澡。”

[1] 参见《终结的感觉》，（英）朱利安·巴恩斯著，郭国良译，译林出版社，2012年7月。

然后我又遇到了菲尔·梅杰（Phil Major），爬上了他的驾驶室，从高处看外面的景色。

“哇，从这里能看到一切。”我说。

“是啊，”他说，“站起来你能看得更高。这就是我们卡车司机的乐趣，从高处望向远方。”

“看好看的东西，总没错。”我说。

我多次在午饭时间回到 FL 罗伯茨餐厅，这里很容易遇到愿意聊天的卡车司机。在进行关于时间的研究之前，我并不认识任何卡车司机，我还以为他们相互之间通过民用电台都认识——看来，这玩意儿现在已经死了。我向一个坐在角落吃沙拉的家伙介绍了自己，询问了之前问过其他人的相同问题。

“在路上永远不会无聊。”他说道，头也没抬一下。

“包括诺克斯维尔的 40 号州际公路？”

“40 号公路？你开玩笑吧。诺克斯维尔可比穿越南内华达州的莫哈维沙漠有意思多了。不过，上帝啊，穿越沙漠也挺酷的。”

“酷？”

“是啊，路两边是各种植物。你见过短叶丝兰吗？好像整个美国只有莫哈维沙漠有。你见过美洲狮吗？我见过。这景色绝了，一点儿也不无聊。路边还有野花开放，有岩石群，有红色的沙子——关键是，路上还没有别的车。你去问问那些从科罗拉多河到亚利桑那，穿越莫哈维沙漠的卡车司机，会得到很多不一样的答案。从加州到北卡罗来纳州，40 号州际公路绵延 2555 英里。在美国，就没有无聊的路。”

畅销书《长途司机》（*The Long Haul*）的作者费恩·墨菲（Finn Murphy）曾说过一句有违常理的话。他告诉我，如果生活中没有什么有趣的事发生，那么，没有什么比出去跑个车更好的了。在路上时，他通常会让头脑忙碌运转，进入一种被他称为“活跃的内在生活”的状态。他会这样安排一天的日程：凌晨 4 点起床，5 点上路，傍晚 4 点在卡车停靠点停车，晚上休息。一天 11 小时，是联邦法律所规定的连续驾驶最长时间，也是一辆卡车的电子计程仪在强制关闭前所能运转的最长时间。他清楚知道所有路标，知道去下一个休息点还要多久。他关闭引擎，打盹 15 分钟，然后恢复精神重新回到那辆大家伙里。

17 150 万年（昼夜节律同步）

1.5 Million Years (Circadian Synchronization)

人类已经和太阳、月亮共同生活了几百万年，因此，人为干扰日光会对我们的神经平衡、情绪、分子运动和基因健康产生影响，对这一点，相信大家绝不会感到惊讶。哥本哈根的丹麦癌症协会的流行病学家约翰尼·汉森（Johnni Hansen），对日班和夜班工人的作息及身体健康状况进行研究，结果发现，从事夜班工作超过 15 年、睡眠时间比普通日班工作少 2 小时的女性，罹患乳腺癌的几率会显著提高。汉森认为，夜班工人到了夜间体内不分泌褪黑素，会扰乱昼夜节律，影响细胞和身体器官之间的交流，由此损害免疫系统。[1]他收集了 1157 名罹患乳腺癌的丹麦女性的数据，包括她们工作生活相关的数据及其他风险因素。几年后，他核查丹麦国家死因登记系统中的信息，发现死亡率是 11%。由此他得出结论，与日班工人相比，夜班工人的乳腺癌存活率也会显著降低。

汉森还研究了工作场所的人造光对人体生理和行为的影响。半个多世纪以来，人们已经得知不佳的照明状况会对情绪产生不利影响，大量证据显示，白天如果光线昏暗，很容易造成临床抑郁症。天然的光暗循环若被打破，人体的昼夜和激素节律同样会受到影响，由此损害生理和新陈代谢过程，降低人起床入睡规律作息的能力。研究显示，深度睡眠通过对免疫系统起作用，对健康大有益处。而夜班场所人为控制光线，会影响人体内的神经传递物质——血清素在白天的正常产生，同样会抑制夜晚褪黑素的产生和合成，破坏人体生物物理和基因层面的运作，继而导致长期的健康危害。[2]

周期基因传达了大量关于人体如何跟着地球的转动而运作的信息，但依然无法明确告知我们，人类是如何感知时间的。诚然，大脑不断经历和处理着昼夜节律，但这并不能与时间感知的问题挂钩。如果你问任何一个超过 50 岁的人关于时间流逝速度的问题，他们都会告诉你，随着年龄增长，时间过得越来越快了。背后存在许多因素。在第 13 节里，我们已经了解了保罗·雅内的心里纪年法模型，这一模型指出人类对时间的印象和年龄成比例。威廉·詹姆斯曾是其拥簇。而当我还是个坚信学术大佬们说的都是绝对真理的年轻人时，我也是这个模型的支持者。但如今的我，在了解视交叉上核和周期基因后，就知道心里纪年法模型在用来解释问题时固然好用，但未免过于简单。原因如下。

首先，让我搬出德国物理学家克里斯托夫·威廉·胡费兰（Christoph Wilhelm Hufeland）的一段话来说明问题。他是普鲁士王国的第一位物理学家，早在18世纪晚期，他就发现，人类的衰老过程和昼夜节律影响下的人体生理活动之间，存在着重要联系。他说："由地球自转形成的24小时周期，是所有地球生物都遵守的，尤其反映在人体的生理活动上。这个规律性周期，显著体现在所有疾病上；从人类生理发展的历史可知，它还决定了许多其他小的周期。这可以说是人类天生自带的一种不变的纪年法。"[3]

人体的昼夜节律系统，包含视交叉上核和时钟基因，会随着年龄的增长而变弱。健康的老年人所需的睡眠时间，只有年轻人的一半。[4]通过对菲舍尔鼠的解剖实验，科学家们发现，直接控制昼夜节律的视交叉上核，会出现神经元衰退现象。这些老鼠在被植入能够测量振幅减弱和温度变化频率的传感器后，被允许自由移动。随后，科学家们对老鼠在衰老过程中的测量数据进行监测。[5]

研究显示，衰老过程对于视交叉上核和时钟基因的影响，与某些疾病对于昼夜节律系统的影响方式一致，但健康的衰老过程如何影响皮下组织层面的睡眠—苏醒周期，科学家们还未能全然搞清楚。[6]在人体内，循环回路中的3个周期基因，对人体所有器官的行为都直接起作用。老年人的睡眠时长会变短，睡眠质量也会变差。人体的衰老，会干扰作为昼夜节律控制中枢的视交叉上核里的时钟基因，由此影响神经活动的节律。随着年龄增加，睡眠间隔越来越短，人们会越来越多感受到昼夜节律的困扰。

一切会老化的物体，无论是生命体细胞，还是砖瓦房，都需要长时间的维护，以抵抗熵的力量。当细胞无法接收和支持生命体所需的物资和服务的运输，它的生命就接近尾声了。老化率固然与环境有关，但也是在基因中预先编程好的。慢慢地，细胞就丧失了原有功能。在一个保持有机能量守恒的生命体系统内——从而保证系统内更大有机体的稳定生存，这种衰老过程被称为生理时间（physiological time）。它以某些未知和已知的方式，驱动着生命细胞根据在宇宙中的栖息位置和特定时间发生变化。

细胞之间会互相传递信息，同时也会和外部环境沟通。它们会感知温度的变化，然后迅速通过化学物质将信息传递给其他细胞，改变其功能运作。如果一组细胞因意外烧毁，相邻的细胞也会侦察到它们的邻居被毁坏了，亟需修复。这一协调和反应机制使得细胞能够通过团队配合战，完成仅靠自身无法完成的任务，例如激素分泌、肌肉收缩和细胞迁移。细胞通过光的烈度以及蛋白质的生成和衰退，来判断时间。但它们的反应和通信技能，会随着人年龄的增长而衰退。

在进化至今的 20 万年过程中，人体内的基因不断经历着生物化学上的变化，以适应地球相对固定的自转和公转运动所形成的稳定环境。视交叉上核会通过一个复杂的反馈系统，将信号传递给对光敏感的外周生物钟（peripheral clocks）。这一系统与人体的新陈代谢网络相连，由一组不感光的器官组织内的生物钟组成，包括肾脏、胰脏、骨骼肌和肠。[7]我们拥有中央生物钟——视交叉上核，这是一个调节大脑、细胞、组织甚至器官的昼夜节律振荡器，使身体完全与日常行为习惯相同步。[8]这一中枢若出现功能丧失或损坏，就会导致周期细胞层面生物钟的失调。时钟基因的基因和蛋白质表达中所体现的昼夜节律，发生在人体所有组织内，会跟随环境信号的变化进行调整，即便在培养皿中依然能保持运作，说明它能够独立于视交叉上核细胞存在。[9]这一生物钟，以生物组织的形态，时时刻刻陪伴着我们。

成千上万基因的开合，组成了复杂的昼夜节律系统，系统内的每一个细胞都生产和分泌着一系列物质，它们通过互相作用，保证人体各项基本机能的正常运作。各个器官于是知道什么时候该进食，什么时候该休息，每个器官都遵循着各自生产和分泌各类物质的时间表，如褪黑素、胰岛素、糖原等等，由此保证体内各个相互依存的器官协调工作。人体内遍布各类时钟，不仅每一个细胞有自己的生物钟，肝脏、胃、胰脏、心脏和肾脏也都有各自独立的生物钟，同时又与其他器官的生物钟相同步。人们根据个体行为和对外界环境的反应，来调整自己的生物钟，比如，在白天，人体活动相对活跃，因为从眼睛接收到光信号并传输给视交叉上核，由此唤醒并增强了编码在周期细胞中的昼夜节律。因此，体育锻炼也能促进睡眠循环。有研究显示，在不借助药物的情况下，长期有规律的锻炼也能帮助老年人改善睡眠质量。[10]

因此，有没有一种可能，随着年龄增长感觉时间越走越快，也是由于细胞内的某个复杂的反馈系统对潜意识产生的影响呢？既然细胞里充斥着通过生物传感器监测到的来自外部世界的信息，我们完全有理由假设，在控制潜意识的下丘脑，同样用钉子悬挂着一台巨大的想象的时钟。这台时钟存在于我们体内，处理着来自外界的信息，并和上百万独立而协同工作的细胞一起，保护着我们的身体。每一个细胞内的变化，其产生的影响都会穿透细胞膜，因此，大脑的机能，无疑也会受到头盖骨外的刺激物的影响。外部刺激不断以各种环境信号敲击着头盖骨的“大门”，比如听音乐，或去一场棒球赛。所有的想法和情绪，都会改变大脑，哲学家安迪·克拉克（Andy Clark）和大卫·查莫斯（David Chalmers）称其为“与环境的一种可靠连接”。“一旦我们认识到环境在约束认知的进化和发展中的重要作用，我们就明确了，延展认知[1]是一个核心的认知过程，而不是附加的。”[11]

昼夜节律生物钟也控制着神经生物学家们称为“氧化应激”（oxidative stress）的状态，这是一种细胞在产生生物化

[1] 延展认知主张认知能够跨越脑，延展于身体、环境之中。1998年由安迪·克拉克和大卫·查莫斯在一篇名为《延展心灵》的论文中提出。

学能量和日常排出废物的排毒活动过程中，氧化代谢活动平衡失调的状态。这一失衡通常由环境压力触发，导致产生高活性化学物质，损害正常细胞。有研究显示，氧化应激反应会导致慢性和系统性的细胞组织炎症，由此更易罹患癌症、痴呆症和异常老化。

人体几乎每一个细胞都遵循昼夜节律的指令，包括引起帕金森病、阿尔茨海默症、亨廷顿病、多发性硬化症、肌萎缩侧索硬化（amyotrophic lateral sclerosis，ALS）等神经精神疾病的大脑核心区域内的细胞。我们目前还未能解释大脑内节律紊乱的细胞运动和这些疾病的具体关联，对于细胞保持同步节律是否有助于这些疾病的治疗，学界亦尚存怀疑。来自索尔克生物研究所的萨钦·潘达（Satchin Panda）教授在新书《节律密码》（*the Circadian Code*）中指出，要保持健康，应将人体所有生物钟保持协调同步。当这些同步因社交或个人原因被抛却，人体健康也容易受到损害。[12]

人体通过感觉器官吸收外界信息，如刺耳的噪音、颜色、气味、形状、质地等，将这些信息传递给大脑，大脑就会处理所有这些噪音和混乱，通过释放某些元素来改变大脑指令。

但大脑本身也有自己的“大脑”，它对外界有预期，会将接收的信号和曾有过的经历、熟知的事物做对比。它会将感官信号调节为它能够解释的东西。我有一些私人经历可以用以解释这一点。当时我 12 岁，有一次从学校骑车回家，有人从马路对面扔了一块石头过来，导致我左眼视力受到了损害。医生告诉我，我会丧失深度知觉[1]（depth perception）和边界知觉（peripheral perception）。在接下来的 3 天里，我穿过走廊时经常会撞墙，伸手够东西时，认为东西所在的地方也总是比实际的要近一些。一名权威的物理学家告诉我，这是因为深度知觉来自视差，而视差依靠双眼才能实现。另一名物理学家也坚信，看三维空间必须要用双眼。但我的体验截然不同。用不了几天，我的大脑就进行了自我调整，与外界信息实现了协调，能够清楚判断当下面临的情况。意外发生两周后，我已经能穿针引线、接到时速 80 英里的棒球、用扫帚打全垒打、在一堵仅有 6 英寸宽的墙顶上骑车，还能从 100 英尺外用 BB 枪打中一只公牛的眼睛。我的边界视力范围依然是 120°，和正常人一样。尽管眼睛是看东西的器官，但大脑才知道什么是真实的。

大脑根据过往对世界接触的经验，对现实有所预期，并利用这些预期来判断发生了什么。大脑会学习新的任务，并以极快的速度适应受伤和环境变化。通过经验、习惯和上万年来在持续变化环境中的进化过程，大脑对于时间深有感受，也将这些信息与体内上万亿的细胞共享着。因此，人的的确确对时间是有感知的，主要因素就是人体的昼夜节律系统。但同时，人们也每天不断从公共常识、日常生活和语言的轰炸——“时间”绝对是人类最高频使用的名词——中，接收大量刺激物。最终，对于这个名词我们又回到了圣奥古斯丁的千古一问：“那么时间，究竟是什么？”

[1] 深度知觉，也叫距离知觉，对物体的立体或对不同物体的远近的知觉。

插曲 在空中的时间

机长理查德·斯威特（Richard Sweet）执飞夏威夷航线。他告诉我，飞行员常会感到困倦，尤其执飞和自身生物钟相反的航线时。“飞到西海岸的5小时航程还好，”他说，“但更长的航程，比如从夏威夷飞到日本、韩国、澳大利亚，需要10~11小时，就会让人很累。下午出发，飞到纽约，夜晚很快到来，然后就是清晨了。”当向西飞到韩国时，为了在早晨到达，他会在夏威夷时间大约中午12点出发。到达目的地后，斯威特总会感觉很累，因此他会马上卧床休息。他经常处在这种倒时差的状态里。最糟糕的，要数向东飞到纽约。到达后，他大约会睡6~8小时，然后吃饭、锻炼，在晚上10点继续睡觉，这样就能在次日7点准备返航。他总共有24小时的休息时间。即便调整了睡眠模式，在早晨6点起床，他依然感觉像在夏威夷时间中午12点起床。

而向西航行，时间和夏威夷相差只有 4~5 小时。因此，到达目的地后能睡得很好，并在早晨醒来，不太会受到时差困扰。所以，为了自己的生物钟着想，他比较喜欢向西飞行的航线。他的座右铭是“往西是最好的”。他经历过的最长航线，是从法国飞到洛杉矶，运送一架新的空客飞机，总共需要 16 个小时。那是一次有趣的体验。有 3 名飞行员轮流工作，因此他在飞行过程中可以休息 4 小时。起初的 8 小时，时间过得飞快，后面的 8 小时则感觉慢了不少。

美国联邦航空局对于药物有严格规定。飞行员除了阿司匹林和泰诺之外，不能服用其他药物。因此，斯威特到达目的地后，只能用喝热水、锻炼、洗澡之类的方法倒时差，帮助生物钟和当地时间同步。

如果一切顺利，一趟长途旅行可能会很无聊，急切想尽快到达目的地。但飞行中时不时会出些问题，比如机械故障，或乘客突发疾病。这时候，斯威特就会很忙碌，也会因此觉得时间过得很快。在感受上，夜晚的飞行似乎过得比白天慢一些。到了夜晚，斯威特感到困倦却不能睡，时间好像就走得慢一些。于是他会让自己忙起来，比如记录燃油量、对地速度、风向、偏航角度、积冰强度，查阅目的地气象报告，或者做一切和飞行有关的事情。

“在超过 8 小时的飞行中，时间就会过得很慢，如果飞机上的一切都很顺利，时间就仿佛静止了。”然后他就会更经常看手表，期待休息时间的到来。有些飞行员在这种情况下会通过阅读、聊天、解谜之类的方式打发时间。有些人喜欢长途飞行，有些则不。而飞往家的旅程，总是感觉要快一些。

18 扭曲的感官和幻觉（时间的温度）

Distorted Senses and Illusions (The Temperature of Time)

大脑中有多台生物钟，管理不同类别的时间：过去的记忆，将来的计划，还有呼吸、血压、褪黑素分泌、快速运动反应，甚至眨眼等身体机能。对人体的生存而言，将时间分类必不可少。一个人的手触碰到热水壶后，会迅速收回。但如果信号没有快速传输给大脑，手就会一直停留在热水壶，直到皮肤灼伤红肿。大脑保护着身体，这是它的工作。

这些大脑中和时间相关的机能相互组合，与保证人体活动和健康所需的生物化学物质保持着协调的频率。然而，还有一些其他器官因素会影响人对时间的感知，尤其是因近期一些经历所产生的幻觉。例如，当经历危险或感受到威胁时，就会觉得时间变慢了。恐惧感也会改变对时间的感知。[1]对跳伞和蹦极的研究显示，开展一项主动选择的危险活动之前或过程中，人会感觉时间变慢许多。

这种幻觉，或许是远古时期以来人类逐步适应野外环境的过程中遗留的。当感受到猎食者正在进入个人领地时，人会集中注意力，大脑会防御性地关注单一事件，考虑采取何种措施以应对眼前的情况。“如果我跑，它会追我……我有可能跑得比它快，有可能跑不过它。如果我大声喊叫，或许它会认为我比它强。而如果我露出牙齿……”每一个“如果”，在脑海中都会将时钟拨回每种可能性的开端。这些“如果”必须在极短的时间内完成，因此时间意识也需要相应调整。在每种可能的情形下，从注意到威胁后，到做出应对决策，时间会放慢，1 秒会如同 10 秒那么长。恐惧造成时间幻觉，为生存创造了机会。被猎食的动物在面临战斗还是逃跑的困境时，通过神经系统内激素的作用，恐惧会加快它们的时间感。肾上腺素的活动，会帮助身体做好一切准备，例如放大瞳孔和加快血流速度，为战斗或逃跑做准备。在那短短一瞬，体内运转的时钟会加快，心脏和肺部运动也会加快，消化则会减慢，还会释放肌肉活动所需的能量。[2] 这一时间膨胀现象遵循着人体应对威胁的生理反应，同时也因威胁而产生：在面对危险、疼痛、饥饿和愤怒时，人体会发生变化。大量科学研究显示，相比身体和面部表情上快乐的暗示，愤怒和恐惧更能引起人的注意。[3]

生活在医院里的病人，时间感知也常有偏差。在医生诊疗室等待时，时间总是过得很慢，但在重症监护病房时，时间又会过得很快，睡睡醒醒混淆了现实。还有一些外围因素影响。人们对时间的判断，常受到一些非时间刺激因素的影响，比如在判断时间之前刚发生的事情，或对即将发生的事情的期待。判断时间，还和身处的情境、习惯、经验和偏见相关。如果刚经历一场外科手术，正躺在病床上恢复，无论是刚从麻醉中苏醒，还是筋疲力尽的状态，都会觉得时间被大大压缩了。

20世纪30年代，神经内分泌学家赫德森·霍格兰（Hudson Hoagland）通过实验，发现体温也与时间感知有关。他对从皮肤传递信息给大脑这一感官过程中的电脉冲进行了研究。霍格兰认为，既然所有化学反应在温度升高的情况下都会加快[1]，那么体温的升高也会在短期内影响人的时间感知。有一次，他的妻子安娜因流感发高烧，他从她身边离开了一小会儿。但当他回来时，妻子问他怎么走了这么久。于是他猜测，高烧可能加快了妻子体内生物钟的运转。[4]他指出，体温会影响对时间的判断，就像它会影响对空间的判断一样，同时，生物钟会通过记录化学物质变化的速率，对任何一段时间间隔内包含多少毫秒形成某种电化学“记忆”。[5]

但霍格兰的结论没有将一些外界因素考虑在内。比如，身体发烧时伴随的出汗和发抖可能会对时间感产生抵消作用。

[1] 也存在温度升高而反应速率降低的化学反应。——编者注

又如，我们如今已知，有些药物会降低人体的温度，同时延长人对时间的感知。此外，对人脑的时间规划起决定性作用的大脑前额皮质区域，对于脑内温度也很敏感。还有研究认为，控制人体生物钟的神经通道对温度很敏感。不过，我们并不清楚体内温度的高低在注意力和记忆认知的过程中是否起任何作用。而注意力和记忆，都影响着人类对时间流逝的感受。

根据霍格兰的理论，体温上升，对时间延续的感知就会缩短。后续也有一些研究能够证实这一理论，但也有一些得出了相反结果。其中一项支持这一理论的实验，来自法国洞穴学者米歇尔·西弗尔（Michel Siffre）。1962 年，他花了 2 个月时间在法国南部阿尔卑斯山脉地下的冰川独自生活。1972 年，他与一小队探险队员又在得克萨斯州德尔里奥的一个洞穴里生活了 6 个月。每一次探险，西弗尔和他的伙伴们都没有携带任何能读取时间的工具。他们在觉得需要时就睡觉、吃饭，任凭体内的生物钟控制自身对时间流逝的印象。回到 1962 年的实验，最初他的计划是进行冰川方面的地质研究，但不久之后，他“决定像动物一样生活，在黑暗中，没有钟表，不知时间”。[6] 在这一实验中，有一组人在冰川洞口等他。他的脚总是湿的，体温接近 33.9℃，但他依然能读能写，并在洞穴里进行研究。每当他睡醒、吃饭和睡觉时，他就给洞外的团队发出信号。而每次发出信号，他会根据自己感觉里 1

秒的长度，从1数到120。记录显示，每次他数到120，都要花上5分钟，也就是说，他所认为的2分钟，实际上是5分钟。

西弗尔的洞穴里有一盏灯，但非常昏暗，对日夜变化的感知不产生任何影响。在洞穴里待了2天后，他对时间的感知开始扭曲。他每过一天，就如同过去了两天。“我的睡眠很棒！”西弗尔写道，“我的身体知道何时该入眠，何时该进食。”他推测，自己的睡眠—苏醒周期与在地面上生活、有日光和夜晚时不同，生物钟会自行调整，有了新的时间计划。在后续的一些相关实验里，实验对象会自然进入36小时活动加上12~14小时睡眠的周期。西弗尔有时只睡2小时，有时候却要睡18小时，但他自己说不出这两种情况有什么差别。洞穴提供了一个完全不受外界时间线索影响的环境，独立于24小时昼夜节律之外，是进行昼夜节律实验时控制实验条件的绝佳实验室。

但在我与国际空间站宇航员的大量交谈中，发现他们的故事与西弗尔不太一样。他们在空间站生活的时间，要比西弗尔在洞穴中久得多。或许，长时间生活在极端黑暗中，会对时间感知和昼夜节律产生显著的影响，但生活在光线下就不同了。在宇航员身上，并没有发现长期的昼夜节律变化。尽管国际空间站每90分钟就会经历一次地球的日与夜，但空间站里的灯一直是亮着的。不过，西弗尔进行的是有关时间感知的研究，而国际空间站的宇航员并没有记录他们对于时间的感知。空间站里的所有活动都按照格林尼治标准时间进行。

霍格兰和西弗尔的实验，揭示了环境变化如何改变人类对时间的感知。到了20世纪70年代，来自马克思·普朗克研究所行为生理学研究部门的德国时间生物学家于尔根·阿朔夫（Jürgen Aschoff）进行了一项实验，将450名实验对象安置在一个地堡里长达3~4周，那里没有钟表告诉他们是白天还是黑夜，以及具体几点。实验对象可以做任何想做的事情，他们的活动会被记录。他们住的地方很舒适，有淋浴和一间小厨房，可以准备三餐，累了就倒头睡觉。他们可以自行决定每天的日程。他们的体温、活动模式、睡眠时的动作、尿样，以及他们估计的时间会被记录。如果想和外界沟通，也有一个专门传递物资的信差，每天在随机时间通过一扇门收发信件。

通过实验，阿朔夫发现一个明确的睡眠—苏醒周期，并且受到体温和尿液排泄的控制，这一周期平均约为25小时，和身体活动的循环并不完全同步。他自己也作为实验对象参与了这一实验，在地堡待了10天。他在报告中写道：

> 在地堡生活的头两天，我对“真正”的时间是什么感到相当好奇，但随后就丧失了兴趣，觉得“没有时间”的生活简直太舒适了。根据过往一些动物实验，我确信我的身体循环应该比24小时要短；但当我10天后从地

堡里出来，我惊讶地得知，我上一次起床时间是下午 3 点。在那些“早晨”里，我搞不清楚自己睡得够不够久。在第 8 天，我只睡了 3 小时就起床了。吃过早饭后，我在日记里写道：“一定有什么东西搞错了。我感觉自己像在值 2 小时的轮岗班。”然后我又回到床上睡了 3 小时，才开始新的一天。[7]

对于人体新陈代谢系统和时间感知之间的关系，我们充满好奇。宇宙间的物理时间，究竟和人体新陈代谢的生物时间相关吗？住在洞穴、国际空间站，或被囚禁在单间监狱，或许能给我们答案。

人类可以长时间生活在黑暗中——除了合成维生素 D 的需要，人类并非一定需要阳光照晒。例如，在北极圈内的巴芬岛，当地人就长时间生活在黑夜里。9 月末的某个黄昏过后，阳光就离他们远去了。到 11 月中旬，有些地区会进入彻头彻尾的黑夜，唯一的自然光是月亮偶尔发出的。到 1 月下旬，黄昏重现；几周后，太阳才会重新降临，然后逗留相对长的一段时间。生活在北极圈内的人，一年里大约会有 11 周身处连续黑暗的情况，只有月亮尽可能发出一点自然光。

人类还没有进化到拥有跨时区同步昼夜节律的能力。无论向东还是向西，只要穿越几个时区，都会经历一定程度的节律障碍（时差反应导致的疲倦）。节律障碍会导致疲劳和饥饿，且老年人的感受会比年轻人更强烈。你会感到无法与所处时区内的时间同步，无论在飞机上是否得到了充足的休息。体内的生物化学反应，包括尿液、钠、胰岛素、铁、钾水平，都会按照惯常生活的原时区走。生物钟除了会偏离常规的环境时间，还会偏离 24 小时的昼夜循环。体温和器官活动也会变得不协调，由此显示了昼夜节律是内源性的。这些节律遵循每一天的时间周期，借助诸如光线、生活习惯、工作、进食和睡眠时间等环境同步因素。一份来自北大西洋公约组织航空研究和发展顾问团的报告显示，电磁场也是某种同步因素，会导致体内生物钟难以在外部时间突然变化的情况下做出相应调整。[8] 被破坏了稳定性的同步系统，是时区变化造成的直接后果。

阳光每 4 分钟穿越一条经线。由于常规的时钟每 60 分钟走一格，因此，对于向东飞的航班，白昼会变短，而向西飞则会变长。当然，由于地球自转角度和黄道平面相比倾斜 23.4°，白天和黑夜的光照每年会有所不同，随着地球绕太阳公转，照射到北极和亚北极区的光线也会不一致；但大多数跨子午线的飞行，无论由西向东，还是由东向西，并不直接穿越子午线。航班上的乘客下飞机后，大多会遭受环境变化带来的生理系统紊乱。

幸运的是，我们有授时因子，也就是一些为内源性生物节律提供信号的环境因素，帮助人体与环境同步。植物的生物节律相对简单，与光线、温度和其他气候相关循环等因素同步。和植物不同，人类的生理节律还受到饮食、睡眠习惯、工作、社交行为等因素影响，帮助我们与太阳时保持一致。[9] 在长途飞行中，我们可以通过喝非酒精饮品、脱鞋并抬高脚，来调整身体状况。如果还不行，可以借助一些药物入睡，或保持清醒。对人类来说，存在着各种各样的授时因子，其中作用最显著的有光线、药物、温度、锻炼和饮食习惯。它们向下丘脑中一个很小的区域发出信号，这个区域集中了体内负责与外界 24 小时循环保持同步的化学物质。

插曲　我个人古怪的时间观

对于一年中的 12 个月，我脑海中一直有一幅奇怪的景观：我站在一个巨大的圆圈里，它由 12 块石头组成，代表 12 个月。我站在其中一块石头上，而我的对角线是当下这个月。为什么会有这样一幅画面呢？是幼年时期某个圆形日历在我脑海中产生了不可磨灭的印象吗？而又为什么，我站在当月之前半年的月份，而不是当月呢？不知道精神分析学家会怎么解读我这些想法——不敢细想。而到了更短的时间，比如一周中的每一天，我的想法就和大多数人差不多了。对于绝大多数大半辈子在一个相对固定的社会中工作的人来说，对周一的感受和周五或周日截然不同。我有犹太血统，对周六[1]的感受始终和一周中的其他日子不同，尽管早在青少年时期我就已经脱离教会。再往下，关于一天中的每个小时怎么过，

[1] 周六是犹太教的安息日，人们不从事任何工作。

在我的一生中也一直在发生变化。年轻时，甚至到50多岁，我的一天都是到了清晨的安静时光才结束的。不再从事全职教学工作后，我才改变了作息。我现在伴随着日光起床，无论它何时到来：在12月可能是7点左右；切换夏令时后，在3月则是6点，然后经过一晚上的调整，很快又回到标准的7点。在夏至时，可能5点就醒了。除了醒来的时间，我很少注意到时间的流逝，通常会看钟表来保证自己如期赴约，但谷歌日历都会提醒：在需要到达某地前1小时开始闪动，发出哔哔声，还会从屏幕上弹出。这就是活在电子时代的后果：人们对时间的感知变得越来越钝化，街边、商店和公共场合的时钟越来越少了。到午夜之前，才意识到这一天过得太快了。

我会放大自己的时间，将每一天分割成可控的一小段一小段，每天的任何任务都会比这些片段的总和要小。对于一些麻烦的任务，我会选择在短而重复性的阶段里完成它们。想一想，如果一天用牙线和牙刷清洁牙齿3次的话，一生居然要为此花上1/4年又8小时！不过，健康的牙齿值得你为此付出生命中的3个月。

每个人的时间，都是自己造就的。我在开车的时候不加速，因为享受生活，可不想撞断脖子。也因此，我会把车上的时间调得比实际时间快5分钟，这会让我在不知不觉中觉得自己多出来了5分钟。我也会用碎片时间做一些无聊的琐事。不久前，完成了一项大工程，颇有成就感，但感觉自己并没有花很多时间。

19 太阳系外行星和生物节律（环境同步器）

Exoplanets and Biorhythms (Environmental Synchronizers)

地球的 24 小时自转和季节循环，是物质宇宙的意外事件，正是这些事件从星尘缔造了太阳系。人类可观察到的宇宙有超千亿星系，根据最近的发现，和地球属性类似的太阳系外行星大约有几千个，或许其中存在一些质量足够大、和地球拥有类似大气层的行星，可能存在生命体。

目前大约有 30% 已发现的红矮星体积和地球相近，气候温和，并绕固定轨道运行。[1] 其中，于 2016 年 8 月被发现的比邻星 b（Proxima Centauri b），绕红矮星比邻星运行，距离地球只有约 4.3 光年。它与它的恒星共存了大约 50 亿年的时间。许多类地系外行星都沿特定轨道运行，其中一面始终朝向其恒星；同时由于距离接近恒星，潮汐效应很强。对于生存在这样一个行星上的有机体而言，身处朝向恒星的一面，就将面临持久的日光，而身处另一面，则将持续经历夜晚。

此外，这些行星运行轨道的离心率，也可能与地球的完全不同。以任意一颗银河系外的类地行星为例，你会发现它的黄赤交角，也就是极轴的倾斜度，和地球不同，地球的黄赤交角为 23.4°。这一倾斜度决定了季节的变换，如果这个行星有季节的话，那么黄赤交角是造成季节更替的原因。当这颗行星围绕其恒星运转时，以星空为背景，它的极轴角度保持不变。因此，它的一个极点，比如北极——不管这意味着什么，就会有一半越来越远离恒星，另一半则越来越靠近。这颗系外行星绕轨道运行时，一旦与恒星的距离发生变化，就有可能引发某些环境生物效应；另外，几乎所有红矮星的周期运动，也会对其行星产生影响。行星可能会变亮，或通过强大的恒星耀斑进入紫外线和其他能量辐射模式，它的大气层由此发生改变，对星球的宜居性产生不利影响。这些都证明，至少就目前人类已知的恒星规律而言，任何生存在此类行星上的有机体，都与我们有着截然不同的生物钟。

另一方面，在那样一个行星上，假使有时间的话，也和日光、夜光没有关系。我们这些地球上的有机体，一直身处一天 24 小时、被光明与黑暗分割的环境中，因此进化出了光感应器，能够分辨白天和黑夜，并加以合理利用。我们有视力可以感受光线。

如果比邻星 b 上存在生命（只是说如果），这些“比邻星人”的“视力”可能是人类视觉光谱末端的某一种频率，甚至是无线电波，或我们想象范畴外的超能量。比邻星人可能通过其他方式来感知他们的行星相对于恒星的位置——可能通过声呐，或其他我们人类不仅从没用过，甚至完全意想不到的方式。我们和比邻星人一定拥有截然不同的昼夜和季节节律。比邻星的一年，是地球的 11.2 天。[2] 那儿或许没有季节之分——即便有，比邻星人也可能无须根据季节播种。比邻星上的生命周期可能比地球快得多。日历只是用来记录时间的流逝，以此保留历史、展望未来，在时间的长河里记录事件的前后发生顺序。

接下来，我要发挥科幻小说的奇思妙想，进一步探讨这个问题。红矮星上完全可能存在高等智慧生物。人类一直在恒星质量小于太阳的星系里寻找宜居行星，这是因为，相较于和太阳质量差不多的恒星，在恒星质量较小的星系里，寻找类地行星更为容易。但或许，我们一直找错了方向。根据来自东京工业大学的天文学家井田茂（Shigeru Ida）和田丰的研究显示，我们应该寻找的，是不太热也不太冷、水陆比和地球差不多的星球。[3] 位于美国北加州地区的 42 台无线电望远镜，一直在侦测银河系内超过一百亿个恒星系统，希望从中发现来自高等智慧生物的信号。[4] 此外，通过美国国家航空航天局的凌日系外行星勘测卫星（Transiting Exoplanet Survey Satellite），还对 5 万个其他恒星系统进行勘测。如果这些类地系外行星上的高等智慧生物也能听懂贝多芬《命运交响曲》

的前 5 个小节，那么他们对节奏的概念会不会和我们一样？

他们或许能够识别出“短—短—短—长”四个音符重复了两次。但他们能够通过这样一种节奏，即一个八分休止符加三个八分音符，后面跟一个二分音符，接着在第 2 小节和第 3 小节之间有一个八分休止符，分辨出这首曲子是 2/4 拍吗？他们能感受到的东西，或许和他们体内与所处星球时间相同步的生物钟完全无关。当然，他们星球上的时间应该和我们的不尽相同。

给这些外星球生物一把中提琴，或者任何适合他们身体构造使用的乐器，再通过某种超智慧的方式教他们记谱法。如果让他们演奏《命运交响曲》的前 5 个小节，他们所使用的节拍，在我们听来会不会很奇怪或陌生？如果地球上的节拍换成用比邻星上的节拍演奏，我们还能认出前 4 个音符是强强强弱—停顿八分之一拍—强强强弱吗？

如果不进一步了解比邻星人的信息处理如何与体内的生物节律同步，我们就无从回答这些问题。很有可能，两个问题的答案都是否定的。我们能够通过乐曲中间可分辨的连音符和停顿，感受乐曲的速度。即使对音乐持续的时间有着明确的量化指引，这些指引也可能不被遵守。而且，尽管可以从节拍、速度、节奏、音长等方面将曲子最初的几小节拆解一番，依然很难以贝多芬在想象和创作时完全相同的方式去理解这首曲子。即使是地球人，也未能彻底理解这些节奏，每个人听见的都不相同，与贝多芬创作的也不相同。不过，如果我们给比邻星人一本乐谱，包含了常见节拍中一组重复的音符，再在中间混杂一些休止符，他们能察觉出节拍的变化吗？我想答案是肯定的，除了需要测量一下时间。[5]

对比邻星 b 上的生物体来说，日照时间或许不是其生物节律的主要驱动因素。也许比邻星 b 没有大气层。尽管地球大气层通过反射太阳光线到达地球表面，赋予了人类光照，但大气层对生命体而言并不是必需的。如果没有了大气层，人类将面临永恒的黑夜，或至少是黄昏。

对于用某种语言交流的比邻星 b 上的高等智慧生物而言，对时间长短的概念可能和人类的不同；但或许，他们的时间观通过某种简单的线性变换，就能与我们的时间观达成一致。假设比邻星 b 很小，自转一圈需要花 20 个小时的地球时间。再假设比邻星 b 用的是古巴比伦人的方法来分割时间，把 1 小时等分为 60 份，形成分钟。那么，比邻星 b 上的 1 分钟，就是地球上 1 分钟的 5/6，也就是 50 秒。然后，我们将比邻星 b 时间和地球的格林尼治标准时间进行换算。显然，比邻星人的生物节律和人类的不同。既然双方生物节律不同步，那么对于乐谱上节拍的概念也不会相同，这一点无须测量便可得知。它们的时间观，包括对每天的长度，以及对一个时间周期的感知——比如从一个生日到另一个，一定和我们不同。时间跟着身体的生物钟走，而生物钟的存在，必须保持某一特定的细胞节律。因此，当一个地球人前往比邻星 b，必然会受困于这个太阳系外星球的自然睡眠循环。身体只能从所处的宇宙中知晓时间。身体的运作，是根据它出生的行星系而定的。身体是自然的时钟，是真正的时间的度量衡。尽管我们有着种种时间观：主观的、客观的，科学的、个人的，这些通通浓缩成一个词语，但归根结底，是我们所处的太阳系赋予了我们生物节律及授时因子，给了我们对于时间的度量衡。这一度量衡并不能告诉我们时间究竟是什么，或者它意味着什么，因为时间，只存在于每个人的心中。

时间是想象的产物，是人们用以在所生存的世界和所经历的生活中规划当下的手段。它被包裹在许许多多不受限的不确定性之中，满足人们不屈不挠地解释和组织世界的欲望。我们可以将时间想象成一条由无数个瞬间连成的线，向两个方向延展，直至进入空无；想象成一个无限的、周而复始的、没有出口的迷宫；或是一根由密密麻麻的点连成的线，两点之间如此接近，但中间仍然存在第三点。或许，大脑无法精确描绘出这些图像，但不可否认，一些奇妙的现象正在大脑中发生。人们越是用视觉化的形象表征时间，如钟表上的刻度和表盘，就越能让大脑理解这些象征物代表了什么。对于时间的直觉，起初可能是模模糊糊的印象，但最终，会发展成大脑中有表征意义的图像，形成更深层的感性认识。比如，当我脑海中想着要搭乘明天早上 9 点零 3 分的火车，这个念头就会在我有计划的生活中留下一个有象征意义的数字。为了成为一个有效率、有发展的社会人，我需要这种生活的计划性。这会让我切实感受到时间的存在，和体重、温度一样，有其产生的必要原因。于是，时钟显示 9 点零 3 分的表象，和火车到达的期望相连——无论火车是不是按时到达。但这只是时间的表象，并不是时间本身。正如西蒙娜·韦伊（Simone Weil）所言："表象反映了现实，但仅仅是作为表象。如果要成为表象之外的东西，就会招致谬误。"[6]时间的表象，是一系列回忆和期待，如同幻境。如果没有时钟来衡量它，没有和我们小小的蓝色星球校正同步，它就不存在。时间要么是出于人类生存的生物化学需要，要么是为了承载个体的记忆和命运。

后记

Epilogue

对时间的探索，似乎是一个无底洞。每当你以为已经揭示了故事的全貌，往往会发现还有一些从未被提起的部分。我们总也找不到一个确凿的答案。但在对这一问题孜孜不倦的探求下，我们多多少少已经接近答案——或至少，我们已经知道如何去寻找一个可能的答案，来分辨一个有着如此丰富含义的词，在不同语境下都意味着什么。时间——如果真的存在这样一个东西的话——或许仅仅是一种维持自然秩序的产物，为人类梳理一系列相关的重复性或一致性事件提供便利，它是对宇宙物理的量化研究，是对俯仰沉浮的人类文明的集中核算。

在日复一日的规律生活中，人的一生要完成许多任务，而我们直觉上认为，时间不过是这些任务的衍生物。不正是如此吗？时间可以是很多不同的东西——取决于你用什么标准衡量它。或许，我们也该用不同的名称命名它，但我们最常谈到的一种“个人时间”，就是展现你和你一部分行为的时钟。这或许可以解释，为什么我们总没有准确的时间感，除了我们认为自己可以感知的时间长度，比如判断被喊去吃饭前的5分钟究竟有多长。从某种意义上来说，时间或许根本不存在，只不过是人们通过一系列互相协调的时钟，记录一个个人类有所共识的瞬间的流逝，并通过这一手段来管理整个社会。但人类的共识又存在于哪些地方呢？我们刚刚才明白，人体的细胞时钟，也就是为我们的生存下达指令的体内时间周期，会以某种方式和地球的自转、公转实现同步。时钟这一充满人类智慧的发明，能告诉我们接下来去哪里以及做什么，但生命始终与我们所处星球的运转息息相关，受其指挥，并在不断进化的过程中，从细胞层面获得了有机授时因子。这或许也是人类总是对时间究竟是什么心存困惑的原因。

物理学视野里的时间则截然不同。它奉数学为圭臬，由此催生出这样一个错误观念：对时间的定义，只不过是精确的数学猜想的副产物，这些猜想被用来解释由人类的群体性行为组成的、充满不确定性的世界。基于运动定律适用于物体存在于宇宙间任何地方这一前提，由于运动和空间直接相关，任何位置的变化，都和运动、变化或引力的时间有关。数学模型把时间视为一个可控变量。在数学公式中，字母 t 代表时间，用以表示人们在自转、公转着的地球上生活时使用的时间。不过，物理学家大胆地将 t 加以延伸，获得了许多用以解释世界的抽象概念和公式，根据一些必须遵循的物理学定律，预测了很多物理现象。

当我们费劲地试图去理解，物理学家称为 t 的东西和我们生活体验中叫作时间的东西究竟有何区别，我们或许会站在物理学家的一边，认为时间也许不过是一种幻觉。这是物理学家经过逻辑推断后的结论。物理学将时间作为空间与运动的连接者，放入通用的数学公式加以考量，将其视为空间运动的一维变量。时间通过控制先后次序，组织着世界上发生的一切事件。

时间生物学家则从有机生命体的角度探究时间，在他们看来，对时间的衡量，与地球上的生命体，以及这些生命体 24 小时的昼夜生理循环息息相关。尽管不同有机体有着不同的生物钟，但同时也存在某种放诸宇宙皆准的基本衡量标准，某种“基本时间”，驱动着所有可被测量的时间。这种时间描述了人类和地球其他生物的共存关系，随着不断变化的环境而改变，是人类作为一个地球物种的共有生存体验，它告诉我们，在生与死之间，我们正处于生命的哪一个阶段。

哲学家则在不断思索，时间究竟是什么——如果它真的存在的话。作为普通人的我们，日常生活和交流都遵守约定而进行，因此能明显感受到生命在一天一天、一小时一小时地流逝着。正如在《传道书》里列出的一连串时间，有“真正的”时间：那些遵守承诺、在社会舞台上扮演好自身角色的时刻。这些是我们未必能全然理解的时间，比单纯地测量日、小时、分、秒要更加普遍。而日、小时、分、秒，是恒星时和太阳时的副产物，由于恒星时和太阳时过于抽象、不便理解，于是人们发明了这些能够表征它们的东西。要彻底理解所有这些时间，必须把它们视为我们所身处的现实世界的表征，而不是来自一个我们一无所知的世界。

我们拥有各种各样的时间：康德时间、心理时间、物理时间、数学时间、充满悖论和复杂解释的相对时间、让人充满好奇的宇宙时间、保持同步的钟表时间，以及总是希望尽快到达终点的人类时间。在朱利安·巴恩斯的小说《终结的感觉》里，主人公托尼·韦伯斯特（Tony Webster）在讲述自己的过去时，这样描述时间：“我深知：既有客观时间，又有主观时间；主观时间乃是你戴在手腕内侧、紧靠脉搏的时间。而这一私人时间，即真正的时间，是以你与记忆的关系来衡量的。”1 [1]注意力和大脑有关，也和当下如何变成过往的记忆有关。

一切试图寻找“时间是什么”这一重大问题的答案的努力，以各种不可思议的方式，或互相佐证，或互相驳斥，让

[1] 参见《终结的感觉》，朱利安·巴恩斯著，郭国良译，译林出版社，2012 年 7 月。

问题变得越发复杂。谁也无法给出一个真正具有说服力的答案。但综合而言，尽管没有明确的答案，也提供了一个辩证的过程。这个重大问题带我们走进了一座丰饶无尽的迷宫，迷宫由一系列截然不同或有所类似的答案构成，以衔接过去和未来的现在相连。

所有这些时间，相互之间都有所关联，但其关联性颇为含糊，人们只能通过一些蛛丝马迹发现。它们既相互斗争，又相互依存。它们都来源于一个有着多重含义的单一词语，这些含义经过不断讨论，变得更加复杂。一个个叙述截然不同，既无法获得综合的解释或解答，也没有统一的理论能囊括。当我们说“时间”时，真应该多几个词语来代表它。不过，人们真正关心的，主要是和人类感觉有关的时间，而在这方面，人们倒是有一些建立在注意力、记忆还有细胞授时因子基础上的统一结论。对于这种时间，人们已经有所了解，知道那是什么。

几千年来，在“时间是什么”的问题上，我们都问错了方向，总是在寻找某个能看得见或感受得到的名词，就像重量或力一样。然而，正如我在第 8 节里所阐述的那样，要了解某个事物究竟是什么，要看它“做了什么”。因此，或许我们应该寻找的是一个动词，而非名词。举例来说，锯子是一片由钢铁打造、薄而平、有一排三角形锯齿的刀片，并安装有一个手柄。这是一个物体。但如果不指明这个物体的用途，它就没有存在的意义。或许，我们也应当将时间视为让我们移动的东西、推动我们前进的东西、让我们感觉自己活着的东西，以及记录生活的东西。时钟虽然衡量着时间，但在人们心里，时钟不过是我们为了寻求成就感的一种幻觉，就好像它是真的一样。或许这也解释了为什么当年龄渐长，会感觉时间加速——因为想在一切都变得太迟之前，抓住这一幻觉。

人们在思考时间问题时，通常会先在“当下”立一个标志作为参照。和所有动物一样，我们生活在永无止境的“当下”里。德国心理学家沃尔夫冈·柯勒（Wolfgang Kohler）在20世纪50年代进行的一系列实验显示，黑猩猩同样有未来的概念，但它们是从现在的角度去衡量未来。当代人对时间的印象，完全建立在文明如何通过时钟来制定社会规范之上；为了生存，人们必须听命于时钟的准确性。如果你完全沉浸于当下，你就会发现，自己根本意识不到时间。而如果你不把过去和未来的梦想相联系，时间的持续也就失去了意义。记忆是人们拾起过去的方式；而希望和愿望的满足，引领人们走向未来。当你立足当下，去有意识感受时间时，时间会变慢。将注意力专注于时间本身，去冥想时间，时间会过得更慢。时间，和每一个将目光转向它的人玩着游戏。时间是虚无的，不会轻易放你走。时间很乐意紧抓你的注意力不放。时间将人们脑海中许许多多片段紧紧拽住，有些是无中生有的幻觉，还有一些是可能存在，但无法得到证实的猜想，比如宇宙存在的理由。

事实上，时间可能只是不断更新的现在，对过去的记忆，以及对未来的期待。未来一直在前进，如同滚动的电影胶片一般，把过去的卷轴向后拉动，现在的卷轴自然就显露了。这一滚动的过程也发生在人们的语言中，继而影响对于时间的看法。

或者我们也能用我孙女莱娜教我的方法看待时间。我经常在星期四接她放学，然后我们会在咖啡馆聊天。在她 11 岁读六年级时的某个星期四，她学到了一些细胞知识，我问她知不知道基因和蛋白质。

“当然，”她回答，“它们（蛋白质）是在白天合成的……或者晚上……我忘记究竟是白天还是晚上了，但总之它们知道现在几点。”

“这是什么意思？”我问，“一个细胞怎么知道每一天的时间呢？”

“你的全身都知道，”她言之凿凿，“每个细胞都知道时间。就好像，它们都在看大脑的墙上挂着的时钟……于是，我们就知道什么时候该吃东西了。就好像……我现在就饿了。我能再吃一枚巧克力可颂吗？”

我们知道，人以及所有生命体的体内，都存在时钟。几乎所有生命体内的细胞时钟，都校准至和昼夜节律同步，不受相对论的影响。这一节律不是幻觉，而是真实存在的。不像圣奥古斯丁的自问自答，我们知道这种节律是什么，正是它的稳定运行，保证了人类的协调生存。照我说，探究时间的难题，就让物理学家和哲学家继续好了，这样他们就能不断探索亚原子粒子的神秘动力学、深不可测的宇宙，和更艰深的“存在”问题：人们从哪里来以及要去向何方。而对我们普通人来说，答案简单得多。所谓时间，就是根植于人类细胞节律之上的内在感觉。对日常生活而言，骨头的酸痛就足够我们感受时间了，而如果有些时候，有必要更精确地知道时间，那就再看一下时钟好了。

莱娜或许是对的。对于这个终极问题，我们并不需要探究太多。不要再多想了。时间就是我们自己。我们就是时钟。

致谢

Acknowledgments

感谢我的妻子詹妮弗·马祖尔，她一直是我的灵感来源，是我最热情的支持者，永远给我最真诚、有建设性的批评。在仔细研读最初几稿后，她睿智地提出了一些编辑性修改意见，将核心概念梳理得更为清晰。谢谢你，詹妮弗。

我还要特别感谢艾米丽·格罗斯霍尔茨和罗宾·阿兰托，他们同样阅读了本书最初的手稿，提出了许多极其重要的修改和编辑意见。

书中一些有关时间的引人入胜的发问，以及可能的答案，源于对古代文献的思考。大多数则是受见多识广的朋友、同事和对时间敏感的专家的启发。还有其他一些重要问题，来自和长途卡车司机、洲际航班飞行员、国际空间站里的宇航员、经历过禁闭的囚犯、奥运选手、钟表师、对冲基金交易员等信息量巨大的对话和采访。在此，感谢迈克尔·洛佩斯–

阿莱格里亚（美国国家航空航天局国际空间站任务第 14 远征队指挥官）、萨曼莎·克里斯托弗雷蒂（欧洲航天局国际空间站任务第 33 远征队）、麦克·马沙多（国际地球科学星座计划经理）、费恩·墨菲、苏尼塔·威廉姆斯、杰森·埃尔南德斯、妮科尔·斯托、坎迪托·奥尔蒂斯、罗德里戈·里加罗、比尔·莫什、菲尔·梅杰、理查德·斯威特、吉福·莱斯文、克林特·巴纳姆、达蒙·雷因、欧文·楚克尔、杰伊·邓拉普、伦敦玛丽女王大学的吉扬·安格拉达·屈代、理查德·贝茨（英国钟表师）、詹姆斯·莱温松、克雷格·哈蒙德、玛格丽·瑞林可（佛蒙特州惩教局）、布伦南司法中心、无罪计划和“敲开门”计划。这些都是新近认识的朋友，他们慷慨付出许多宝贵的时间，向我讲述与时间有关的个人经历。

我还要特别感谢伯利亚斯科基金会（Bogliasco Foundation）提供的科研基金和住宿，让我得以在位于意大利伯利亚斯科帕拉迪索湾的壮美的狄皮尼别墅中完成本书。这家杰出的基金会慷慨赋予我充裕的时间、舒适的环境和周到的服务，让我达到生产力的巅峰，并有一群优秀的学术伙伴和同事伴随左右：阿尔夫·勒尔、莱斯利·特诺里奥、兰辛·麦克洛斯基、布鲁斯·施耐德和桑德拉·雷博克，他们都直接、间接为本书的最终成稿贡献了力量。

我感谢那些真正的学者、哲学家和科学家，正是由于他们不断地追寻着时间问题，才能让这一话题数个世纪以来依然保持鲜活，常谈常新。他们对我的研究大有裨益。我也感谢来自梵蒂冈图书馆的保罗·维安，感谢芝加哥大学数字档案馆、欧洲文化遗产在线（ECHO）、纽约公共图书馆在线画廊、自由基金会、科学哲学储存库、梵蒂冈图书馆、佛罗伦萨档案馆、佛罗伦萨马索里亚纳图书馆、佛罗伦萨国家中央图书馆、帕维亚大学、Gallica 数据库（包含法国国家图书馆在线珍贵图书资料）、Scribd.com、Ancientlibrary.com、帕修斯数字图书馆、恩尼奥·德·乔治数学研究中心、比萨高等师范学校图书馆……这些机构，让我得以足不出户就着手研究——要是放到 10 年前，我可能需要花上数年时间，才能翻阅遍这些来自大半个地球的珍贵书籍。我也感谢乔纳森·班奈特，他运营的网站包含大量数学家和哲学家著作的翻译。同时，我感谢杰拉尔德·詹姆斯·惠特罗——和许多学者一样，虽然他已不在人世，但他对于时间问题的探寻，揭示了许多长久以来被忽略的关键。

感谢卡罗尔·安·洛博·约翰逊授权我使用布拉格天文钟的照片。感谢艾米丽·格罗斯霍尔茨和 Able Muse 期刊授权使用诗歌《爱的阴影》作为书中一节的引语。也感谢塔斯尼姆·泽拉·侯赛因授权使用她即将出版的新书《重绘苍穹》中的段落。

我还要特别感谢我的编辑——约瑟夫·卡拉米亚，正是他富有洞察力的意见、仔细的校对和重组内容的建议，极大优化了初稿。此外，我还要感谢耶鲁大学出版社的手稿及校样编辑“梦之队”：劳拉·琼斯·杜利，她以专业的审稿功力，捋顺了许多原本粗糙的段落，让书中一些深刻的信息得以更清晰地传达；资深手稿编辑丹·希顿，她与我不断探讨，完成最终的修改；还有校对弗雷德·卡门内，他细致阅读终版文稿，指正了一些错误。也感谢我的代理人安德鲁·斯图尔特，他从一个极简略的大纲开始，就坚定地推动这个项目。

感谢马祖尔·杰弗里一家：凯瑟琳、汤姆、索菲、叶连娜和内德。感谢马修一家：塔米娜、斯科特、莱娜和雅典娜。感谢我的兄弟：巴里·马祖尔和马丁·西尔伯贝里；感谢我的姐妹、嫂子和弟妹：格雷琴·马祖尔、卡罗莱·约弗和露丝·梅尔尼克；还有我的连襟兄弟：弗雷德·布洛克——他们一如既往地给予我无限的鼓励。也感谢一直支持我的朋友和同事：伊恩·斯图尔特、吉姆·托贝尔、刘易斯·斯普拉特兰、丹尼尔·爱泼斯坦、朱利安·费尔霍尔特、德博拉·费尔霍尔特、玛乔丽·塞内查尔和威廉·卡伦·鲍恩。他们听我念叨了许多故事，他们是我产出好作品的持续灵感来源。

注释

Notes

序

1.Lewis Mumford, *Technics and Civilization* (London: Routledge and Kegan Paul,1934), 17.

第一部分　时间的度量衡

01　流水滴落，光影位移

引 言：Titus Maccius Plautus, *Comedies of Plautus, Translated into Familiar Blank Verse, by the Gentleman Who Translated The Captives*, [translated by Bonnell Thornton] (London: T. Becket and P. A. de Hondt, 1774; facsimile ed., Neuilly-surSeine, France: Ulan Press, 2012), 368.

1. George Costard, *The History of Astronomy, with Its Application to Geography, History and Chronology; Occasionally Exemplified by the Globes* (London: James Lister, 1767), 101.

2. Herodotus, *The Histories*, translated by George Rawlinson, vol. 2 (New York: Everyman's Library, 1997), 109.

3. Plautus, *Comedies*, 368–69. Also found in Aulus Gellius, *Attic Nights, Volume 1: Books 1–5*, translated by J. C. Rolfe, Loeb Classical Library 195 (Cambridge, Mass.: Harvard University Press, 1927), 187. 也有猜想认为作者是公元前 2 世纪语法学家奥拉斯・哲利阿斯（Aulus Gellius）。

4. Plautus, *Comedies*, 369.

5. Harry Thurston Peck, *Harper's Dictionary of Classical Antiquities* (New York: Harper and Brothers, 1898).

6. Willis Isbister Milham, *Time and Timekeepers, including the History, Construction, Care, and Accuracy of Clocks and Watches* (New York: Macmillan, 1945), 38.

7. See Otto Neugebaur, *A History of Ancient Mathematical Astronomy* (New York: Springer), 609; and Otto Neugebaur, *The Exact Sciences in Antiquity* (New York: Dover, 1969), 81–82.

8. Abd el-Mohsen Bakir, *The Cairo Calendar No. 86637*, Mathaf al-Misr¯ı Manu script, Papyrus no. 86637, Antiquities Department of Egypt (Cairo: General Organisation for Govt. Printing Offices, 1966).

9. *Marshall Clagett, Ancient Egyptian Science: A Source Book*, vol. 3 (Philadelphia: American Philosophical Society, 1999), 8.

10. Owen Ruffhead, *The Statutes at Large: From the First Year of King Edward the Fourth to the End of the Reign of Queen Elizabeth*, vol. 2 (London: Robert Basket, Henry Woodfall and William Strahan, 1763), 676.

11. Larisa N. Vodolazhskaya, "Reconstruction of Ancient Egyptian Sundials," *Archaeoastronomy and Ancient Technologies 2*, no. 2 (2014): 1–18.

12. 关于亚历山大水钟仅有的较确定的信息，就是 18 世纪英国政治家查尔斯·汉密尔顿（Charles Hamilton）的一份详细描述，不过他的文章并没有标出可供查证的引用来源。See Hon. Charles Hamilton, Esq., "A Description of a Clepsydra or Water Clock," *Transactions of the Royal Society of London* 479 (1753):171.

13. See Vitruvius, *The Ten Books on Architecture*, translated by Morris Hicky Morgan (Cambridge, Mass.: Harvard University Press, 1914), 276.

14. Abraham Rees, *The Cyclopædia: or, Universal Dictionary of Arts, Sciences, and Literature* (London: Longman, Hurst, Rees, Orme and Brown, 1819), 359.

15. Robert Temple, *The Genius of China: 3000 Years of Science, Discovery and Invention* (New York: Simon and Schuster, 2007), 108–9.

16. Ibid.; *Joseph Needham, Science and Civilization in China* (Cambridge: Cambridge University Press, 1965), 446.

17. Derek J. De Solla Price, *On the Origin of Clockwork Perpetual Motion Devices and the Compass* (Australia: Emereo Classics, 2012). 这是古腾堡工程对一份发表于 1959 年论文的再版，详见 http://www.gutenberg.org/ebooks/30001.

18. Joseph Mazur, *Zeno's Paradox: Unraveling the Mystery behind the Science of Space and Time* (New York: Plume, 2007), 102.

19. Joshua B. Freeman, *Behemoth: A History of the Factory and the Making of the*

Modern World (New York: W. W. Norton, 2018), 1.

20. Ibid., 3.

21. Willis Isbistor Milham, *Time and Timekeepers, including the History, Construction and Accuracy of Clocks and Watches* (New York: Macmillan, 1945).

以 0.01 秒优势险胜的奥运冠军

1. 全美汽车比赛协会（NASCAR）的计时牌只能精确到千分之一秒，因此官方的成绩差距以 .000 秒计算。

02 鸣钟，打鼓

引言："The 10,000 Year Clock," The Long Now Foundation, www.longnow .org/clock/.

1. Thomas Reid, "Reid' s Treatise on Watch and Clock Making," *Watchmaker and Jeweler* 1, no. 1 (1869): 2.

2. "History of the Clock," *Stryker's American Register and Magazine* 4 (July 1850): 351. 注：这座钟如今已被修复。

3. Henry Sully, *Règle artificielle du temps: Traité de la division naturelle et artificielle du temps...* (1737) (facsimile ed., Whitefish, Mont.: Kessinger, 2010), 272–78.

4. Paul Lacroix, *The Arts in the Middle Ages, and at the Period of the Renaissance* (London: Chapman and Hall, 1875), 175.

5. "Pražský orloj—The Prague Astronomical Clock," http://www.orloj.eu/cs/orloj _historie.htm.

6. Ibid.

7. Philippe de Mézières, *Le Songe du Vieil Pèlerin* (1389), edited by G. W. Coopland, 2 vols. (New York: Cambridge University Press, 1969).

8. Lacroix, *Arts in the Middle Ages*, 174.

9. Dante Alighieri, *The Divine Comedy*, translated by Henry Wadsworth Longfellow (Boston: Ticknor and Fields, 1867), canto 24.

10. 关于僧一行发明的发条装置缺乏有力的参考文献，我查阅李约瑟的《中国科学技术史》依然一无所获。Joseph Needham, *Science and Civilization in China* (Cambridge: Cambridge University Press, 1965). 因此，尽管我依旧在书中提到了这一发明，我也在此强调缺乏参考文献这一信息。

11. Lynn Thorndike, *The "Sphere" of Sacrobosco and Its Commentators* (Chicago: University of Chicago Press, 1949), 1, 230.

12. Needham, Science and Civilization in China, 436, 445.

13. "Time' s Backward Flight," *New York Times*, November 18, 1883.

14. R. S. Fisher, ed., *Dinsmore's American Railroad and Steam Navigation Guide and Route-Book*, nos. 1–16 (September 1856–December 1857).

15. *Protocols of the Proceedings of the International Conference Held at Washington for the Purpose of Fixing a Prime Meridian and a Universal Day* (Washington, D.C.: Gibson Brothers, 1884), available at http://www.gutenberg.org/files/17759/17759-h /17759-h.htm.

16. Robert Poole, *Time's Alteration: Calendar Reform in Early Modern England* (London: Taylor and Francis, 1998), 1.

17. Calendar Act of 1750, http://www.legislation.gov.uk/apgb/Geo2/24/23.

18. Francis Richard Stephenson and L. V. Morrison, "Long-Term Changes in the Rotation of the Earth: 700 B.C. to A.D. 1980," *Philosophical Transactions of the Royal Society of London A* 313 (1984): 47–70.

19. F. Richard Stephenson, *Historical Eclipses and Earth's Rotation* (Cambridge: Cambridge University Press, 1997), 26.

03 每周的第八天

1. Alberto Castelli, "On Western and Chinese Conception of Time: A Comparative Study," *Philosophical Papers and Reviews* 6, no. 4 (2015): 23–30.

2. 感谢我的好朋友胡海燕（音译）指出了这一点。

3. Castelli, "On Western and Chinese Conception of Time."

4. Henri Frankfort, *Kingship and the Gods: A Study of Ancient Near Eastern Religion as the Integration of Society and Nature* (Chicago: University of Chicago Press, 1978), 344.

5. G. J. Whitrow, *What Is Time? The Classic Account of the Nature of Time* (Oxford: Oxford University Press, 1972), 5–6.

6. Samuel George Frederick Brandon, *History, Time, and Deity: A Historical and Comparative Study of the Conception of Time in Religious Thought and Practice* (Manchester: Manchester University Press, 1965), 93.

7. Plato, *Collected Dialogues*, edited by Edith Hamilton and Huntington Cairns (Princeton, N.J.: Princeton University Press), 37d, 1168.

8. Alfred R. Wallace, *Man's Place in the Universe* (London: Chapman and Hall, 1904), 310.

9. Mark Twain, *Letters from the Earth: Uncensored Writings*, edited by Bernard DeVoto (New York: Harper Perennial Modern Classics, 2004), 226.

第二部分 理论家和思想家的观点

引言：Moses Maimonides, *The Guide for the Perplexed*, translated by M. Friedlander (London: George Routledge, 1910), 121.

04 芝诺的箭

1. Shadworth Hollway Hodgson, *Philosophy of Reflection*, vol. 1 (London: Longmans, Green, 1878), 248–54. Available as a 2015 classic reprint from Forgotten Books in London.

2. Joseph Mazur, *Zeno's Paradox: Unraveling the Ancient Mystery behind the Science of Space and Time* (New York: Plume, 2007), 6.

3. Iambichus, *The Life of Pythagoras*, translated by Thomas Taylor (Los Angeles: Theosophical Publishing House, 1918), 63.

4. Plutarch, "On the Sign of Socrates," *Moralia, Volume* 7, translated by Phillip H. De Lacy and Benedict Einarson, Loeb Classical Library 405 (Cambridge, Mass.: Harvard University Press, 1959), 398–99.

5. See Theon of Smyrna, *Mathematics Useful for Understanding Plato*, translated by Robert and Deborah Lawlor (San Diego, Calif.: Wizards Bookshelf, 1979), 1.

6. Aristotle, *The Physics*, translated by Philip H. Wicksteed and Francis M. Cornford, 2 vols. (Cambridge, Mass.: Harvard University Press, 1927, 1934), VIII.7, 2: 369–401.

7. Ibid., II.4, 1: 181.

8. Ibid., IV.11, 1: 383, 385.

9. Lee Smolin, *Time Reborn* (Wilmington, Mass.: Mariner Books, 2014), 83.

10. Lee Smolin, *Three Roads to Quantum Gravity* (New York: Basic Books, 2002),103.

没有假释的终身监禁

1.Louis Andriessen, *De Tijd* (1981). The entire work can be heard at https://vimeo .com/77903789.

2.Saint Augustine, *Confessions*, translated by R. S. Pine-Coffin (New York: Penguin, 1961), 262.

3. 如果想了解关禁闭是什么感受，可以和艾伯特 · 伍德福克斯（Albert Woodfox）聊一下，他在路易斯安那州立监狱里待了 45 年，几乎所有时间都在一间 50 平方英尺的禁闭屋中。详见 Campbell Robertson, "For 45 Years in Prison, Louisiana Man Kept Calm and Held Fast to Hope," New York Times, February 20, 2016. 或者也可以了解一下赫尔曼 · 华莱士（Herman Wallace），他

在一间 6 × 9 英尺的禁闭屋被关了将近 41 年。华莱士是“安哥拉三人组”之一，一天有 23 小时都在被关禁闭。一份 2011 年的国际特赦报告称华莱士的禁闭为“对基本人权的亵渎”。想更多了解华莱士的故事，参见 John Schwartz, “Herman Wallace, Freed after 41 Years in Solitary, Dies at 71,” *New York Times*, October 4, 2013.

05　物质宇宙

引言：Saint Augustine, Confessions, translated by R. S. Pine-Coffin (New York: Penguin, 1961), 263.

1. Plato, *The Collected Dialogues of Plato*, translated by Benjamin Jowitt and edited by Edith Hamilton and Huntington Cairns (Princeton, N.J.: Princeton University Press, 1969), 1167.

2. Ibid.

3. William Whewell, “Lyell’s Geology Vol. 2,” *Quarterly Review* 47 (1832): 126.

4. Charles Lyell, *Principles of Geology, vol. 1: An Inquiry How Far the Former Changes of the Earth's Surface Are Referable to Causes Now in Operation* (London: John Murray, 1835), 217.

5. Reijer Hooykaas, *Natural Law and Divine Miracle: The Principle of Uniformity in Geology, Biology, and Theology* (Leiden: E. J. Brill, 1963).

6. John Playfair, *Illustrations of the Huttonian Theory of the Earth* (Edinburgh: Cadell and Davies, 1802), 374.

7. Florian Cajori, “The Age of the Sun and the Earth,” *Scientific American*, September 12, 1908.

8. Stephen Jay Gould, *Time's Arrow, Time's Cycle: Myth and Metaphor in the Discovery of Geological Time* (Cambridge, Mass.: Harvard University Press, 1987), 87.

9. John McPhee, *Basin and Range* (New York: Farrar, Straus and Giroux, 1982), 108, 104.

10. Stephen D. Snobelen, “Isaac Newton, Heretic: The Strategies of a Nicodemite,” *British Journal for the History of Science* 32, no. 4 (1999): 381–419.

11. Isaac Newton to Robert Bentley, December 10, 1692, 189.R.4.47, ff. 4A–5, Trinity College Library, Cambridge.

12. Sir Isaac Newton, *Newton's System of the World*, translated by Andrew Motte and edited by N. W. Chittenden (New York: Geo. P. Putnam, 1850), 486.

13. Gottfried Wilhelm Leibniz, *Philosophical Essays*, edited and translated by Roger Ariew and Daniel Garber (Indianapolis, Ind.: Hackett, 1989), 329.

14. Augustine, *Confessions*, 263.

15. U.N. Intergovernmental Panel on Climate Change, http://ipcc.ch/report/

sr15/.

16. Peter U. Clark et al., "Consequences of Twenty-First-Century Policy for MultiMillennial Climate and Sea-Level Change," *Nature Climate Change* 6 (2016): 360–69.

17. Shu-zhong Shen et al., "Calibrating the End-Permian Mass Extinction," *Science* 334 (2011): 1367–72.

18. Pallab Ghosh, "Hawking Urges Moon Landing to 'Elevate Humanity,'" *BBC News*, June 20, 2017, https://www.bbc.com/news/science-environment-40345048.

06 古腾堡印刷术

1. Edward Gibbon, *The Decline and Fall of the Roman Empire*, vol. 2 (New York Modern Library, 2003), 530–31.

2. Joseph Mazur, *Zeno's Paradox: Unraveling the Mystery behind the Science of Space and Time* (New York: Plume, 2007), 46.

3. 乌尔班二世的演讲有多个版本。这些版本所表达的目的一致，但由于是在演讲后数年写成，对于教皇究竟说了什么已经无从考证。多纳·C.芒罗（Dona C. Munro）比较了不同文本。参见 "The Speech of Pope Urban II at Clermont, 1095," *American Historical Review* 2 (1906): 231–42.

4. Sister Maria Celeste, *The Private Life of Galileo Compiled Principally from His Correspondence and That of His Eldest Daughter*, edited by Eugo Albéri and Carlo Aruini (Boston: Nichols and Noyes, 1870), 17.

5. Ibid.

6. Robyn Arianrhod, *Einstein's Heroes: Imagining the World through the Language of Mathematics* (New York: Oxford University Press, 2005), 40–41.

7. Sister Maria Celeste, *Private Life of Galileo*, 17.

8. Joseph Mazur, *Zeno's Paradox*, 57–58.

9. Galileo Galilei, *On Motion and on Mechanics*, translated by I. E. Drabkin and Stillman Drake (Madison: University of Wisconsin Press, 1960), 50.

10. Galileo Galilei, *Dialogues concerning Two New Sciences*, translated by Henry Crew and Alfonso De Salvo (New York: Macmillan, 1914), 155.

11. Ibid., 153.

07 牛顿来了

1. Sir Isaac Newton, *Newton's Principia: The Mathematical Principles of Natural Philosophy*, translated by Andrew Motte (New York: Daniel Adee, 1846), 78.

2. Katherine Branding, "Time for Empiricist Metaphysics," in *Metaphysics and the Philosophy of Science*: New Essays, edited by Matthew H. Slater and Zanja Yudell

(New York: Oxford University Press, 2017), 13–20.

3. Newton, *Principia* 77.

4. Ibid., 81.

5. Ibid.

6. Ernst Mach, *The Science of Mechanics: Account of Its Development*, translated by T. J. McCormack (La Salle, Ill.: Open Court, 1989), 284.

7. Ibid., 32.

8. Henri Poincaré, *The Foundations of Science*, translated by George Bruce Halsted(New York: Science Press, 1913), 227–28.

9. Claude Audoin and Bernard Guinot, *The Measurement of Time: Time, Frequency and the Atomic Clock* (Cambridge: Cambridge University Press, 2001), 11.

第三部分　物理学中的时间

引言 : Henri Poincaré, *Science and Hypothesis* (New York: Dover, 1952), 90.

08　时钟是什么?

1. Albert Einstein, “Zur Elektrodynamik bewegter Körper,” *Annalen der Physik* 17 (1905): 891.

2. H. A. Lorentz, A. Einstein, H. Minkowski, and H. Weyl, *The Principle of Relativity*, translated by W. Perrett and G. B. Jeffery (London: Methuen, 1923; reprint ed., New York: Dover, 1952), 35–65. Originally published as *Das Relativitätsprinzip*, 4th ed. (Leipzig: Teubner, 1922).

3. 近期一些研究评估了长时间太空旅行的危害，参见 Francine E. Garrett-Bakelman et al., “The NASA Twins Study: A Multidimensional Analysis of a Year-Long Human Spaceflight,” *Science* 364 (2019), doi: 10.1126/science.aau8650.

4. See Gerald James Whitrow, *The Natural Philosophy of Time* (Oxford: Clarendon Press, 1980), 265.

5. 我这里的“参考坐标系”，指的是一个由变量组成的系统，有参考点在其中分布，同时有测量点与点之间距离的方法。

6. 诚然，利用勾股定理，我们能够轻易算出静止时间 Δt 和移动时间 $\Delta t'$ ，$\Delta t' = \Delta t/\sqrt{1-v^2/c^2}$, v 是向右移动的镜子的速度。看一下如何计算：将距离作为时间的函数，$h = c\Delta t$, $d = v\Delta t'$, $D = c\Delta t'$. 将勾股定理运用于第 145 页右图的三角形，可以得出 $h = \sqrt{D^2-d^2}$，因此 $\Delta tc = \sqrt{(c\Delta t')^2-(v\Delta t')^2}$. 用代数方法算出 $\Delta t' = \Delta t/\sqrt{1-v^2/c^2}$. 也就是说，$\Delta t'>\Delta t$.

7. Lorentz, Einstein, Minkowski, and Weyl, Principle of Relativity, 39.

国际空间站里的时间

1. 更精确一点来说，国际空间站绕地球运行一周的时间是 92.68 分钟。

09 同步的时钟

1. Henri Poincaré, “La mesure du temps,” *Revue de Métaphysique et de Morale* 6 (1898): 1–13.

2. Albert Einstein correspondence with Michele Besso, March 6, 1952.

3. Peter Galison, *Einstein's Clocks, Poincaré's Maps: Empires of Time* (New York: W. W. Norton, 2003), 37, 40.

4. Albert Einstein and Hermann Minkowski, *On the Electrodynamics of Moving Bodies*, translated by M. N. Saha and S. N. Bose (Calcutta: University of Calcutta, 1920), 3.

5. Ibid., 5.

6. 鉴于速度 = 距离 / 时间，我们知道，时间 = 距离 / 速度。

7. Albert Einstein, “On the Electrodynamics of Moving Bodies” (1905), 2, available at https://www.fourmilab.ch/etexts/einstein/specrel/specrel.pdf.

8. Albert Einstein and Michele Besso, *Correspondance avec Michele Besso*, 1903–1955 (Paris: Harmann, 1979), 537–38.

9. 一些当代思想家认为大爆炸时期的光速要远比现在快。参见 Andreas Albrecht and João Magueijo, “Time varying speed of light as a solution to cosmological puzzles,” *Physical Review D* 59 (1999): 043516.

10. *The Born-Einstein Letters: Correspondence between Albert Einstein and Max and Hedwig Born from 1916 to 1955 with Commentaries by Max Born*, translated Irene Born (London: Macmillan, 1971), 159.

10 拥抱统一性

1. Albert Einstein and Hermann Minkowski, *The Principle of Relativity*, translated by Meghnad Saha and S. N. Bose (Calcutta: University of Calcutta Press, 1920), 70.

2. Ibid., 71.

3. Ibid., 71–72.

4. 洛伦兹长度收缩公式通过固定比率 $1:\Delta t' = \sqrt{1-v^2/c^2}$，能够用于计算空间与时间的关系。

5. Eva Brann, *What, Then, Is Time?* (New York: Rowan and Littlefield, 1999), 11.

6. 这里要注意，我们选择忽略了空间的一个维度。如果不这样的话，光就会扩散成为不断膨胀的球体。因此，为了简化问题，我们减少一个维度，让光的扩散变成一个平面的圆形。

7. Collaborative list of authors, "First M87 Event Horizon Telescope Results, I. the Shadow of the Supermassive Black Hole," *Astrophysical Journal Letters*, 875: L1 (April 10, 2019): 1–17.

11 另一部《午夜巴黎》

引言：Ray Bradbury, "A Scent of Sarsaparilla," in *A Medicine for Melancholy and Other Stories* (New York: Bantam, 1960), 61.

1. *Midnight in Paris* (1991), directed by Woody Allen, screenplay available at http:// www.pages.drexel.edu/~ina22/splaylib/Screenplay-Midnight_in_Paris.pdf.

2. Ray Bradbury, "A Scent of Sarsaparilla," 61. 感谢我的好朋友，诗人和哲学家艾米丽·格罗斯霍尔茨告诉了我这个故事。

3. S. W. Hawking, "Chronology Protection Conjecture," *Physical Review* D 46, no. 2 (1992): 603–11.

4. Lewis Carroll, *Through the Looking-Glass, and What Alice Found There* (London: Macmillan, 1871), chapter 5.

5. 谷歌地图也有标明海拔，但除非你是要骑自行车，否则无须关注。

6. George Gamow, *One Two Three . . . Infinity: Facts and Speculations of Science* (New York: Viking, 1961), 72.

7. Hawking, "Chronology Protection Conjecture," *Physical Review* D 46, no. 2 (1992): 603–11. Note: Kip Thorne and Sung-Won Kim say otherwise; see Sung-Won Kim and Kip S. Thorne, "Do Vacuum Fluctuations Prevent the Creation of Closed Timelike Curves?" *Physical Review D* 43, no. 12 (1991): 3929–47.

8. Michael S. Morris, Kip S. Thorne, and Ulvi Yurtsever, "Wormholes, Time Machines, and the Weak Energy Condition," *Physical Review Letters* 61, no. 13 (1988):1446–49.

9. H. G. Wells, *The Time Machine* (1895; reprint, New York: Dover, 1995), 16.

10. J. Richard Gott, *Time Travel in Einstein's Universe: The Physical Possibilities of Travel through Time* (New York: Houghton Mifflin, 2001).

第四部分 认知和感官的时间

引言：William James, *Principles of Psychology*, vol. 1 (New York: Macmillan, 1890), 619.

12 一个大问题

1. Saint Augustine, *Confessions*, translated by R. S. Pine-Coffin (New York:

Penguin, 1961), 14.

2. Immanuel Kant, *Critique of Pure Reason*, translated by F. Max Müller (New York: Macmillan, 1922), 26, 759–60.

3. Geoffrey K. Pullum, *The Great Eskimo Vocabulary Hoax and Other Irreverent Essays on the Study of Language* (Chicago: University of Chicago Press, 1991), 159.

4. Jorge Luis Borges, "A New Refutation of Time" (1946), in *Labyrinths: Selected Stories and Other Writings*, edited by Donald A. Yates and James E. Irby (New York: New Directions, 1962), 205.

5. George Berkeley, *A Treatise concerning the Principles of Human Knowledge* (Mineola, N.Y.: Dover, 2003), 30.

6. William James, *The Principles of Psychology*, vol. 1 (New York: Macmillan, 1890), 244.

7. Ibid., 622.

8. Shadworth Hollway Hodgson, *Philosophy of Reflection*, vol. 1 (London: Longmans, Green, 1878), 248–54.

9. James, *Principles of Psychology*, 605, 606, 607.

10. Ibid., 609.

11. Ibid., 608.

12. Wilhelm Wundt quoted ibid., 626.

13. W. S., "Time," *Kidd's Own Journal; for Inter-Communications on Natural History, Popular Science, and Things in General* 2 (1852): 239.

13 时间都去哪儿了？

引言：Henri Bergson, *Creative Evolution* (New York: Henry Holt, 1911), 16.

1. P. Lecomte du Noüy, *Biological Time* (New York: Macmillan, 1937), 155.

2. William James, *Principles of Psychology*, vol. 1 (New York: Macmillan, 1890), 625.

3. Jean-Claude Dreher et al., "Age-Related Changes in Midbrain Dopaminergic Regulation of the Human Reward System," *Proceedings of the National Academy of Sciences* 105, no. 39 (2008): 15106–11.

4. Warren H. Meck, "Neuropharmacology of Timing and Time Perception," *Cognitive Brain Research* 3, nos. 3–4 (1996): 227–42.

5. P. A. Mangan et al., "Altered Time Perception in Elderly Humans Results from the Slowing of an Internal Clock," *Society for Neuroscience Abstracts* 22, nos. 1–3(1996): 183.

6. J. E. Roeckelein, "History of Conceptions and Accounts of Time and Early Time Perception Research," in *Psychology of Time*, edited by S. Grondin (Bingley, UK: Emerald Press, 2008), 1–50.

7. Marc Wittmann, *Felt Time: The Psychology of How We Perceive Time*, translated by Erik Butler (Cambridge, Mass.: MIT Press, 2106), 132–34.

8. Du Noüy, *Biological Time*, 164.

14 感受它

引言 : Marcel Proust, *Swann's Way*, translated by C. L. Scott Moncrieff (New York: Henry Holt, 1922), 6.

1. See Dale Guthrie, *The Nature of Paleolithic Art* (Chicago: University of Chicago Press, 2006), vii–x.

2. C. Sinha et al., "When Time Is Not Space: The Social and Linguistic Construction of Time Intervals and Temporal Event Relations in an Amazonian Culture," *Language and Cognition* 3, no. 1 (2011): 137–69.

3. Benjamin Lee Whorf, "An American Indian Model of the Universe," *International Journal of American Linguistics* 16, no. 2 (1950): 67–72.

4. 不幸的是，沃尔夫的研究并非基于田野调查，而是基于一名生活在纽约的霍皮人。

5. 我们需要留心的是，目前仅有的一本专业的霍皮语词典，是在 20 世纪末编撰的，因此可能已经与英语有一定程度的融合。参见 Kenneth C. Hill et al., *Hopi Dictionary/Hopìikwa Lavàytutuveni* (Tucson: University of Arizona Press, 1998).

6. Abraham H. Maslow, *Toward a Psychology of Being* (Floyd, Va.: Sublime Books, 2014), 158.

7. Daniel Dennett, *Consciousness Explained* (New York: Little, Brown, 1991), 144.

8. 霍皮语中没有过去时和未来时，是一件很有意思的事。所有过去和未来的事件，都是以现在时的一种变体进行表述的。

9. S. G. F. Brandon, "The Deification of Time," in *The Study of Time*, edited by J. T. Fraser, F. C. Haber, and G. H. Müller (Berlin: Springer, 1972), 370–82.

10. R. Núñez and K. Cooperrider, "How We Make Sense of Time," *Scientific American Mind*, 27, no. 6 (2016): 38–43.

11. J. J. Gibson, "Events Are Perceivable but Time Is Not," in *The Study of Time Ⅱ*, edited by J. T. Fraser and N. Lawrence (New York: Springer, 1975), 295–301.

12. Uma R. Karmarkar and Dean V. Buonomano, "Timing in the Absence of Clocks: Encoding Time in Neural Network States," *Neuron* 53, no. 3 (2007): 427–38.

13. William J. Matthews and Warren H. Meck, "Time Perception: The Bad News and the Good," *WIREs Cognitive Science* 5 (2014): 429–46.

14. Sofia Soares, Bassam V. Atallah, and Joseph J. Paton, "Midbrain Dopamine Neurons Control Judgment of Time," *Science* 354, no. 6317 (2016): 1273–77.

15. Ernst Pöppel, "Lost in Time: A Historical Frame, Elementary Processing Units and the 3-Second Window," *Acta Neurobiologiae Experimentalis* 64 (2004): 295–301.

16. William James, *Principles of Psychology*, vol. 1 (New York: Henry Holt, 2015), 608.

17. Holly Andersen and Rick Grush, "A Brief History of Time Consciousness: Historical Precursors to James and Husserl," *Journal of the History of Philosophy* 47, no. 2 (2009): 277–307; Edmond R. Clay (pseud. Robert Kelly), *The Alternative: A Study in Psychology* (London: Macmillan, 1882), 167–68.

第五部分　生物节律

引言 : Veronique Greenwood, "The Clocks within Our Walls," *Scientific American*, July 2018, 50–57.

15　作为总控的起搏器

引言 : Emily Grosholz, "Love's Shadow," from *The Stars of Earth* © Emily Grosholz, 2017, used by permission of Able Muse Press.

1. M. Mila Macchi and Jeffery N. Bruce, "Human Pineal Physiology and Functional Significance of Melatonin," *Frontiers in Neuroendocrinology* 25, nos. 3–4 (2004): 177–95.

2. M. R. Ralph et al., "Transplanted Suprachiasmatic Nucleus Determines Circadian Period," *Science* 247 (1990): 975–78.

3. D. K. Welsh et al., "Individual Neurons Dissociated from Rat Suprachiasmatic Nucleus Express Independently Phased Circadian Firing Rhythms," *Neuron* 14, no. 4(1995): 697–706.

4. Jonathan Fahey, "How Your Brain Tells Time," *Forbes*, October 15, 2009, https:// www.forbes.com/2009/10/14/circadian-rhythm-math-technology-breakthroughs-brain.html#53ea56b23fa7.

5. Mary C. Lobban, "The Entrainment of Circadian Rhythms in Man," *Cold Spring Harbor Symposia on Quantitative Biology* 25 (1960): 325–32.

6. C. A. Czeosler and J. J. Gooley, "Sleep and Circadian Rhythms in Humans," *Cold Spring Harbor Symposia on Quantitative Biology* 72 (2007): 579–97.

交易大厅的时间

1. "The World' s Billionaires," Forbes, March 5, 2019, https://www.forbes.com/

billionaires/#163d2060251c.

16　内在节拍

引言：歌词来自《盗窃（或少于一分钟）》，这是兰辛·麦克洛斯基于 1999 年写的一段 60 秒的钢琴曲。在这里收听：http://www.lansing mcloskey.com/theft.html.

1. Jane A. Brett, "The Breeding Seasons of Slugs in Gardens," *Journal of Zoology* 135, no. 4 (1960): 559–68.

2. Karl von Frisch, *The Dance Language and Orientation of Bees*, translated by Leigh E. Chadwick (Cambridge, Mass.: Harvard University Press, 1967), 253.

3. Martin Lindauer, "Time-Compensated Sun Orientation in Bees," *Cold Spring Harber Symposium of Quantitative Biology* 25 (1960): 371–77.

4. Gerald James Whitrow, *The Natural Philosophy of Time* (Oxford: Clarendon Press, 1980), 135.

5. Theophrastus, *Enquiry into Plants and Minor Works on Odours and Weather Signs*, translated by Sir Arthur Hort (New York: G. P. Putnam's Sons, 1916), 345.

6. William J. Schwartz and Serge Daan, "Origins: A Brief Account of the Ancestry of Circadian Biology," in *Biological Timekeeping: Clocks, Rhythms and Behaviour*, edited by Vinod Kumar (New Delhi: Springer India, 2017), 5.

7. Jean-Jacques de Mairan, "Observation botanique," in *Histoire de l'Académie Royale des Sciences avec les Mémoires de Mathématique et de Physique Tirés des Registres de Cette Académie* (1729), 35.

8. Whitrow, *Natural Philosophy of Time*, 141.

9. Martin C. Moore-Ede, Frank M. Sulzman, and Charles Albert Fuller, *The Clocks That Time Us: Physiology of the Circadian Timing System* (Cambridge, Mass.: Harvard University Press, 1982), 8.

10. Charles Darwin and Francis Darwin, *The Power of Movement in Plants* (New York: D. Appleton, 1881), 402–13.

11. Ronald J. Konopka and Seymour Benzer, "Clock Mutants of *Drosophila melanogaster,*" *Proceedings of the National Academy of Science* 68, no. 9 (1971): 2112–16.

12. Michael Rosbash, "Ronald J. Konopka (1947–2015)," *Cell* 161, no. 2 (2015):187–88.

13. Paul E. Hardin, Jeffrey C. Hall, and Michael Rosbash, "Circadian Oscillations in Period Gene mRNA Levels Are Transcriptionally Regulated," *Proceedings of the National Academy of Sciences* 89, no. 24 (1992): 11711–15.

14. Collin S. Pittendrigh, *The Harvey Lectures* (New York: Academic Press, 1961),

95–126.

15. C. B. Saper, G. Cano, and T. E. Scammell, “Homeostatic, Circadian, and Emotional Regulation of Sleep,” *Journal of Comparative Neurology* 493, no. 1 (2005): 92–98.

16. Jay C. Dunlap et al., “Light-Induced Resetting of Mammalian Circadian Clock Is Associated with Rapid Induction of *the mPer1 Transcript*,” Cell 91 (1997): 1043–53.

17. M. H. Vitaterna et al., “Mutagenesis and Mapping of a Mouse Gene, Clock, Essential for Circadian Behavior,” *Science* 264, no. 5159 (1994): 719–25.

18. 此处的 CLOCK ，指的是 Circadian Locomotor Output Cycles Kaput，即昼夜节律运动输出周期故障。

19. 想要进一步探讨，参见 William Bechtel and Adele Abrahamsen, “Decomposing, Recomposing, and Situating Circadian Mechanisms: Three Tasks in Developing Mechanistic Explanations,” in *Reduction: Between the Mind and the Brain*, edited by H. Leitgeb and A. Hieke (Frankfurt: Ontos, 2009), 12–177.

20. R. Y. Moore, “Retinohypothalamic Projection in Mammals: A Comparative Study,” *Brain Research* 49 (1973): 403–9.

21. F. K. Stephan and I. Zucker, “Circadian Rhythms in Drinking Behavior and Locomotor Activity of Rats Are Eliminated by Hypothalamic Lesions,” *Proceedings of the National Academy of Sciences* 69 (1972): 1583–86.

22. S.-I. T. Inouye and H. Kawamura, “Persistence of Circadian Rhythmicity in a Mammalian Hypothalamic ‘Island’ Containing the Suprachiasmatic Nucleus,” *Proceedings of the National Academy of Sciences* 76 (1979): 5962–66.

23. M. R. Ralph et al., “Transplanted Suprachiasmatic Nucleus Determines Circadian Period,” *Science* 247, no. 4945 (1990): 975–78.

24. Caroline H. Ko and Joseph S. Takahashi, “Molecular Components of the Mammalian Circadian Clock,” *Human Molecular Genetics* 15, suppl. 2 (2006): R271–R277.

25. S. G. Reebs and N. Mrosovsky, “Effects of Wheel Running on the Circadian Rhythms of Syrian Hamsters; Entrainment and Phase Response Curve,” *Journal of Biological Rhythms* 4 (1989): 39–48.

26. 我需要各位明确理解，我们在讨论的并非那些神神叨叨的关于生理节律的伪科学，就是说人的生日决定了人的生理、情感和心理状态。

27. Franz Halberg et al., “Transdisciplinary Unifying Implications of Circadian Findings in the 1950s,” *Journal of Circadian Rhythms* 1 (2003): 1–61.

长途卡车司机

1.Julian Barnes, *The Sense of an Ending* (New York: Alfred A. Knopf, 2011), 3.

17　150 万年

1. Johnni Hansen, "Night Shiftwork and Breast Cancer Survival in Danish Women," *Occupational and Environmental Medicine* 71 (2014): A26.

2. Richard G. Stevens et al., "Meeting Report: The Role of Environmental Lighting and Circadian Disruption in Cancer and Other Diseases," *Environmental Health Perspectives* 115, no. 9 (2007): 1357–62.

3. Christopher William Hufeland, *Art of Prolonging Human Life*, edited by Erasmus Wilson (London: Simpkin and Marshall, 1829), 256.

4. Christina Schmidt, Philippe Peigneux, and Christian Cajochen, "Age-Related Changes in Sleep and Circadian Rhythms: Impact on Cognitive Performance and Underlying Neuroanatomical Networks," *Frontiers in Neurology* 3 (2012), doi: 10.3389 /fneur.2012.00118.

5. Germaine Cornelissen and Kuniaki Otsuka, "Chronobiology of Aging: A Mini Review," *Gerontology* 63 (2017): 18–128.

6. Ibid.

7. Jennifer A. Mohawk, Carla B. Green, and Joseph S. Takahashi, "Central and Peripheral Circadian Clocks in Mammals," *Annual Review of Neuroscience* 35 (2012): 445–62.

8. David K. Welsh, Joseph S. Takahashi, and Steve A. Kay, "Suprachiasmatic Nucleus: Cell Autonomy and Network Properties," *Annual Review of Physiology* 72 (2010): 551–77.

9. Mohawk, Green, and Takahashi, "Central and Peripheral Circadian Clocks in Mammals."

10. K. J. Reid et al., "Aerobic Exercise Improves Self-Reported Sleep and Quality of Life in Older Adults with Insomnia," *Sleep Medicine* 11, no. 9 (2010): 934–40.

11. Andy Clark and David Chalmers, "The Extended Mind," *Analysis* 58, no. 1(1998): 7–19.

12. Satchin Panda, *The Circadian Code: Lose Weight, Supercharge Your Energy, and Transform Your Health from Morning to Midnight* (New York: Rodale Books, 2018), 32.

18　扭曲的感官和幻觉

1. Melanie Rudd, Kathleen D. Vohs, and Jennifer Aaker, "Awe Expands People's Perception of Time, Alters Decision Making, and Enhances Well-Being,"

Psychological Science 23, no. 10 (2012): 1130–36.

2. Walter B. Cannon, *Bodily Changes in Pain, Hunger, Fear and Rage: An Account of Recent Researches into the Functions of Emotional Excitement* (Eastford, Conn.: Martino, 2016), 42.

3. Mariska E. Kret et al., "Perception of Face and Body Expressions Using Electromyography, Pupillometry and Gaze Measures," *Frontiers in Psychology* 4 (2013), doi: 10.3389/fpsyg.2013.00028.

4. Hudson Hoagland, *Pacemakers in Relation to Aspects of Behavior* (New York: Macmillan, 1935), 108.

5. Hudson Hoagland, "The Physiological Control of Judgments of Duration: Evidence for a Chemical Clock," *Journal of General Psychology* 9 (1933): 267–87.

6. Joshua Foer and Michel Siffre, "Caveman: An Interview with Michel Siffre," *Cabinet* 30 (Summer 2008), http://www.cabinetmagazine.org/issues/30/foer.php.

7. Jürgen Aschoff, "Circadian Rhythms in Man: A Self-Sustained Oscillator with an Inherent Frequency Underlies Human 24-Hour Periodicity," *Science* 148 (1965): 1427–32.

8. Karl E. Klein and Hans M. Wegmann, "Significance of Circadian Rhythms in Aerospace Operations," North Atlantic Treaty Organization Advisory Group for Aerospace Research and Development, Publication AGARD-AG-247 (AGARD, 1980), 7.

9. Yvan Touitou and Erhard Haus, *Biologic Rhythms in Clinical and Laboratory Medicine* (New York: Springer, 1992), 243.

19 太阳系外行星和生物节律

1. I. Ribas, "A Candidate Super-Earth Planet Orbiting Near the Snow Line of Barnard's Star," *Nature* 563 (2018): 365–68.

2. Rodrigo F. Diaz, "A Key Piece in the Exoplanet Puzzle," Nature 563 (2018):329–30.

3. Feng Tian and Shigeru Ida, "Water Contents of Earth-Mass Planets around M Dwarfs," *Nature Geoscience* 8 (2015): 177–80.

4. Andrew Siemion et al., "Results from the Fly's Eye Fast Radio Transient Search at the Allen Telescope Array," *Bulletin of the American Astronomical Society* 43 (2011): 240.06.

5. 多亏了居住在伯利亚斯科基金会提供的住所期间，与作曲家兰辛・麦克洛斯基的多次交流，我打消了自己这一想法：外星球生物对长长短短的节拍的解读和我们一样。我也从麦克洛斯基处得知，没有人真正听到贝多芬所写的《命运交响曲》开头那几小节，每个人对这些节拍的感受都不同。

6. Simone Weil, *Notebooks*, translated by Arthur Wills (London: Routledge and Kegan Paul, 1956), 424.

后记

1. Julian Barnes, *The Sense of an Ending* (New York: Alfred A. Knopf, 2011), 133.